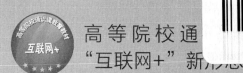

高等院校通识课教育教材
互联网+
高等院校通识
"互联网+"新形态一体化教材

扫一扫
学习资源库

- 微课视频
- 教学课件
- 电子教案
- 练习题库
- 模拟试卷
- 无纸化考试

计算机应用基础
任务式教程

（Windows 10+Office 2016）

总主编　单继周
主　编　卞秀运
副主编　王慧儒　何　焱　蒋燕翔
　　　　潘育勤　程建军　莫小群
　　　　李丽芬　邵芬红　蔡小庆
　　　　史迎春

电子科技大学出版社
University of Electronic Science and Technology of China Press
·成都·

图书在版编目（CIP）数据

计算机应用基础任务式教程：Windows10+Office
2016/卞秀运主编 . — 成都：电子科技大学出版社，
2020.10

ISBN 978-7-5647-8255-9

Ⅰ.①计… Ⅱ.①卞… Ⅲ.① Windows 操作系统 ②办
公自动化 – 应用软件 Ⅳ.① TP316.7 ② TP317.1

中国版本图书馆 CIP 数据核字（2020）第 166550 号

计算机应用基础任务式教程（Windows10+Office2016）
JISUANJI YINGYONG JICHU RENWUSHI JIAOCHENG（Windows10+Office2016）
卞秀运 主编

策划编辑 张 鹏
责任编辑 刘 凡

出版发行 电子科技大学出版社
　　　　 成都市一环路东一段 159 号电子信息产业大厦九楼 邮编 610051
主 　页 www.uestcp.com.cn
服务电话 028-83203399
邮购电话 028-83201495

印 　刷 北京荣玉印刷有限公司
成品尺寸 210mm×285mm
印 　张 14.5
字 　数 321 千字
版 　次 2020 年 10 月第 1 版
印 　次 2020 年 10 月第 1 次印刷
书 　号 ISBN 978-7-5647-8255-9
定 　价 49.80 元

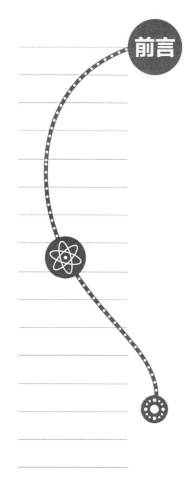

前言

随着信息技术与网络技术迅速发展和广泛应用，懂得使用计算机已经成为当代人必备的工作技能之一，而掌握计算机技术更是诸多单位衡量人才的重要标准。学习计算机知识、掌握计算机的基本应用技能、培养信息素养已成为时代对我们的要求。作为新时代的大学生，尽快了解、掌握计算机的基础知识，迅速熟悉、学会应用计算机及计算机网络的基本技能，是进入大学的重要学习任务之一。

"计算机应用基础"课程是大学生进入大学后的第一门计算机课程。目前新入学的大学生的计算机应用水平不是零起点，而且其水平还在以较快的速度提高，因此，"计算机应用基础"课程的改革势在必行。本书是几位多年从事本课程教学的教师，融入多年的教学经验和课程建设成果编写而成的。它的内容组织遵循由浅入深、循序渐进的原则，注重实际的计算机应用能力和操作技能以及学生的自主学习能力的培养，在项目实施的基础上通过"学、仿、做"达到理论与实践统一及知识内化的教学目的。

本书主要包括 6 个教学单元，分别为：计算机基础知识、Windows 10 操作系统、Word 2016 文字处理软件、Excel 2016 电子表格软件、PowerPoint 2016 演示文稿制作软件以及网络基础与日常应用。本书主要采用微软公司的 Office 2016 作为教学软件，大家在练习过程中可以使用 2013 或者 2016 版本。教学内容采用任务驱动式组织教学，每个任务具体包括"教学导航→任务描述→任务分析→任务实施→核心知识与技巧→真题训练→任务拓展"。通过"教学导航"介绍教学目标、重点、难点、课时安排等，通过"任务描述"介绍任务的具体需求，通过"任务分析"解读任务需要的知识点，通过"任务实施"介绍任务的实现过程，通过"核心知识与技巧"介绍任务实现中的重点知识与技巧，"真题训练"选用了全国计算机等级考试的相关题目，"任务拓展"体现学以致用，选择相关的项目锻炼学生的实践能力。

本书的特色如下：

1. 教学内容遵循学生能力培养基本规律，既满足考试要求，又满足社会需求

本书在满足全国计算机等级考试要求的基础上，通过社会调查、企业调查和对高校生源的充分了解为基础，从常规办公人员的角度进行选材，在阐述计算机基础理论知识的基础上，重点阐述 Windows 10、Word 2016、Excel 2016、PowerPoint 2016 四方面的知识，同时加入了网络基础与日常应用。在教材的编写过程中，本着"学生能学，教师好用，企业需要"的原则，注意理论与实践一体化，并注重实效性。

2. 精心规划，资源丰富，围绕核心知识与技能，配套了系列微课

本书配套数字学习资源，其中包含教程中的项目、素材与效果文件、精美专业的 PPT 电子课件、系列微课、习题、真题及答案等。有需要者可致电 13810412048 或发邮件至 2393867076@qq.com。

由于编者水平有限，错误之处在所难免，恳请各位读者给予指正。

编　者

目录

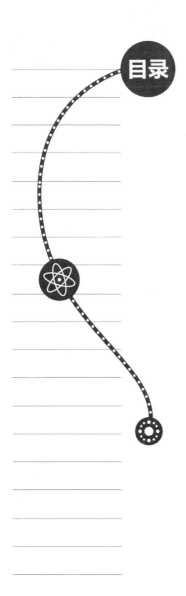

第 1 单元

计算机基础知识

　　计算机是 20 世纪最重要的科学技术发明之一，对人类的生产活动和社会活动产生了极其重要的影响，并以强大的生命力飞速发展。它的应用领域从最初的军事科研应用扩展到社会的各个领域，已形成了规模巨大的计算机产业，带动了全球范围的技术进步，引发了深刻的社会变革。

　　现在计算机已在一般学校、企事业单位得到普及，并进入寻常百姓家，成为信息社会中必不可少的工具。了解计算机的发展史并熟悉其运行机制，是学好计算机必备的基础。本单元将主要介绍计算机的基础知识。

○-[教学导航]

教学目标	（1）了解计算机的发展史 （2）了解计算机的特点与分类 （3）了解计算机的应用领域与发展趋势 （4）了解计算机的工作原理 （5）熟悉计算机的硬件和软件系统 （6）了解网络安全的相关知识 （7）熟悉计算机病毒的防范方法
本单元重点	（1）计算机的发展与应用领域 （2）计算机的特点与分类 （3）计算机的硬件和软件系统 （4）网络安全的相关知识 （5）计算机病毒的防范
本单元难点	（1）计算机工作原理 （2）计算机的硬件和软件系统 （3）网络安全的相关知识
教学方法	任务驱动法、讲授法、演示操作法
建议课时	2 课时

○-[任务描述]

　　润达医疗科技公司徐经理需要给大一新生做一个关于"互联网＋医疗"的报告，主题内容需要讲解互联网医疗是互联网在医疗行业的新应用，其包括以互联网为载体和技术手段的健康教育、医疗信息查询、电子健康档案、疾病风险评估、在线疾病咨询、电子处方、远程会诊及远程治疗和康复等多种形式的健康医疗服务。但同时徐经理也想顺便给学生们介绍一些关于计算机发展历史、计算机的应用领域与发展趋势相关的内容。秘书小王需要查找一些相关的内容，给徐经理作为素材资料。

○-[任务分析]

　　本任务主要讲解计算机的诞生、计算机发展的历程、计算机的特点与分类、计算机的应用领域与发展趋势、网络安全等内容。

○-[任务实施]

计算机的发展历史

任务 1-1：认识计算机的发展历史

（1）了解计算机的诞生

　　1946 年 2 月，世界上第一台现代电子数字计算机 ENIAC（Electronic Numerical Integrator And Computer，电子数字积分计算机）在美国宾夕法尼亚大学莫尔学院研制成功，如图 1-1 所示。同一时期，著名数学家冯·诺依曼（1903 年 12 月 — 1957 年 2 月）及其同事建造了电子离散变量自动计算机（Electronic Discrete variable Automatic Computer ，EDVAC），其体系结构具有长期记忆程序、数据、中间结果及最终运算结果的能力；能够完成各种算术和逻辑运算，具有数据传送能力；可以根据需要控制程序的走向，并能根据指令控制计算机各部件协调工作；能够按照要求将处理结果输出给用户。所以人们将现代电子计算机称为冯·诺依曼结构计算机，称冯·诺依曼为"现代电子计算机之父"。

（2）计算机的发展历史

从 ENIAC 诞生至今已有 70 多年了。在这 70 年间，计算机以惊人的速度发展。根据计算机所使用电子元器件的不同，计算机的发展大致可分为四代，如表 1-1 所示。

表 1-1　计算机发展的各个阶段

类别	起止年份	主要元件	速度（次/秒）	代表机型	应用
第一代	1946—1957 年	电子管	5000~1 万	ENIAC、EDVAC	科学和工程计算
第二代	1958—1964 年	晶体管	几万 ~ 几十万	TRADIC、IBM 1401	数据处理、事务管理、工业控制领域
第三代	1965—1970 年	中小规模集成电路	几十万 ~ 几百万	PDP-8 机、PDP-11 系列机、VAX-11 系列机	拓展到文字处理、企业管理、自动控制等方面
第四代	1971 年至今	大规模和超大规模集成电路	几千万 ~ 数十亿	IBM PC、Pentium 系列、Core 系列、APPLE iMac G5	广泛应用于社会生活的各个领域

（3）了解我国计算机发展的历程

第一代电子管计算机研制（1958—1964 年）：我国于 1958 年 5 月研制出第一台大型通用电子数字计算机（104 机）。

第二代晶体管计算机研制（1965—1972 年）：1965 年中科院计算机所研制出我国第一台大型晶体管计算机（109 机）。

第三代中小规模集成电路的计算机研制（1973—80 年代初）：1971 年研制出第三代中小规模集成电路计算机。

第四代超大规模集成电路的计算机研制：和国外一样，我国第四代计算机研制也是从微机开始的。1977 年研制出第一台微机；1983 年，国防科技大学研制成功运算速度每秒上亿次的"银河-Ⅰ"巨型机，这是我国高速计算机研制的一个重要里程碑；2004 年，百万亿次数据处理超级服务器曙光 4000A 通过国家验收，再一次刷新国产超级服务器的历史纪录，使得国产高性能计算机产业再上新台阶；2009 年"天河一号"千兆次超级计算机研制成功，2013 年"天河二号"超级计算机研制成功。

任务 1-2：认识计算机的特点与分类

计算机的
特点

（1）计算机的特点

计算机的主要特点如下。

1）运行速度快，计算能力强。

运算速度是指计算机每秒能执行的指令条数，一般用 MIPS（Million Instructions Per Second，百万条指令 / 秒）来描述，它是衡量计算机性能的重要指标。例如，主频为 2 GHz 的 Pentium 4 微机的运算速度为每秒 40 亿次，即 4 000 MIPS。

2）计算精度高，数据准确度高。

在一般的科学计算中，经常会算到小数点后几百位或者更多，计算机可以将小数的有效数字精确到 15 位以上。2011 年，日本计算机奇才近藤茂将圆周率计算到小数点后 10 万亿位，创造了吉尼斯世界纪录。

3）超强的记忆力。

计算机的存储器类似于人的大脑，能够记忆大量的信息。它能够存储数据和程序，并进行数据处理和计算，保存计算的结果。

4）超强的逻辑判断能力。

逻辑判断是计算机的一项基本能力，借助于逻辑运算，计算机可以分析命题是否成立。例如，近代三大数学难题之一的"四色问题"，在 1976 年，两位美国数学家凭借计算机"不畏重复、不惧枯燥"及快速高效的优势证明了四色定理。

5）自动化程度高，通用性强。

计算机具有存储能力，人们可以将指令预先输入其中。工作开始后，计算机从存储单元中依次取出指令以控制流程，从而实现操作的自动化。

6）支持人机交互。

计算机具有多种输入 / 输出设备，配上适当的软件后，可以很方便地与用户进行交互。以广泛使用的鼠标器为例，用户手握鼠标，只需将手指轻轻一点，计算机便随之完成某种操作，真可谓"得心应手，心想事成"。

计算机的
分类

（2）计算机的分类

依据不同的分类方式，计算机的分类也各不相同。

1）按用途划分，计算机分为专用计算机和通用计算机。

专用计算机是为适应某种特殊应用而设计的计算机，主要在某些专业范围内应用。例如，控制轧钢过程、计算导弹弹道的计算机都属于专用计算机。

通用计算机是指一般用于科学计算、工程设计和数据处理等领域的计算机，即通常所说的计算机，主要应用于商业、工业、政府机构和家庭个人。

2）根据性能和规模差异，计算机分为超级计算机、大型机、小型机和微型机。

超级计算机也称巨型机，是目前速度最快、处理能力最强的计算机，通常由数百、数千甚至更多的处理器组成，主要用于战略武器开发、空间技术、石油勘探、天气预报等高精尖领域，是体现综合国力的重要标志。我国自行研制的超级计算机"天河二号"的持续计算速度为 3.39 亿亿次 / 秒，在 2014 年 11 月 17 日公布的全球超级计算机 500 强榜单中，"天河二号"以比第二名美国"泰坦"快近一倍的速度连续第四次获得冠军。在 2017 年 11 月 13 日公布的新一期全球超级计算机 500 强榜单中，使用中国自主芯片制造的"神威·太湖之光"以每秒 9.3 亿亿次的浮点运算速度超过"天河二号"第四次夺冠。

大型机具有极强的综合处理能力和极大的性能覆盖面，主要应用于政府部门、银行、大公司的中央主机，虽然大型机在 MIPS 方面已经不及微机，但是它的 I/O（Input/Output，输入 / 输出端口）处理水平、非数值计算能力、稳定性和安全性却远强于后者。

小型机是指采用 8~32 位处理器，性能和价格介于微型机服务器和大型机之间的一种高性能计算机。相比于大型机，小型机结构简单、成本较低、维护方便，非常适合中小企事业单位使用。

微型机简称微机，又称个人计算机，是应用最普及、产量最大的机型，其体积小、功耗低、成本少、灵活性强、性价比高，广泛应用于个人用户，是目前最普及的机型。微机按结构和性能可分为单片机、单板机、个人计算机（Personal Computer，PC，包括台式机、一体机、笔记本电脑和平板电脑）、工作站和服务器等。著名的台式机品牌有联想、戴尔、惠普、华硕、苹果等，著名的笔记本电脑品牌有苹果、联想、华硕、ThinkPad、戴尔等，著名的服务器品牌有 IBM、戴尔、惠普、浪潮、联想等。

任务 1-3：了解计算机的应用领域

计算机的应用领域与发展

计算机的应用领域已渗透至社会的各行各业，正在改变着传统的工作、学习和生活方式，推动着社会的发展。计算机的主要应用领域如下。

1）科学计算，即完成科学研究和工程技术中数学问题的过程。科学计算是计算机最早的应用目的，主要应用于航天、军事、气象等领域。

2）信息处理，即对各种原始数据进行收集、存储、整理、分类、加工、利用和传播数据等活动。据统计，80% 以上的计算机主要用于数据处理。办公自动化、情报检索、图书管理、人口统计、银行业务都属于该范畴。

3）计算机辅助 X 系统，即利用计算机自动或半自动地完成相关的工作，包括计算机辅助设计（Computer Aided Design，CAD）、计算机辅助制造（Computer Aided Manufacturing，CAM）、计算机辅助教学（Computer Aided Instruction，CAI）、计算机辅助工程（Computer Aided Engineering，CAE）、计算机辅助质量保证（Computer Aided Quality，CAQ）等。

4）自动控制，即即时采集检测数据，按最优值迅速地对受控对象进行自动控制。该领域涉及范围很广，如工业、交通运输的自动控制，对导弹、人造卫星的跟踪与控制等。

5）多媒体应用，即利用计算机对文本、图形、图像、声音、动画、视频等多种信息进行综合处理，建立逻辑关系和人机交互作用。目前，多媒体技术在知识学习、电子图书、视频会议中得到了极大的应用。

6）网络通信，利用计算机技术、网络技术和远程通信技术，使人际交流跨越了时空限制。Internet 新闻浏览、信息检索、收发电子邮件、电子商务等都属于该范畴。

7）人工智能（Artificial Intelligence，AI），即利用计算机模拟人类的某些智力活动与行为，它由英国天才科学家艾伦·图灵（1912 年 6 月 — 1954 年 6 月，被称为"计算机科学之父"和"人工智能之父"）提出。

8）虚拟现实（Virtual Reality，VR），是一种可以创建和体验虚拟世界的计算机仿真系统，它利用计算机生成一种模拟环境，是一种多源信息融合的、交互式的三维动态视景和实体行为的系统仿真。虚拟现实如今正在医学、娱乐、航天、设计、文物古迹、游戏、教育等领域得到广泛应用。

9）增强现实技术（Augmented Reality，AR），是一种实时计算摄影机影像的位置及角度并加上相应图像、视频、3D模型的技术，是一种将真实世界信息和虚拟世界信息"无缝"集成的新技术。这种技术的目的是在屏幕上把虚拟世界套入现实世界并进行互动。AR技术不仅在与VR技术相类似的应用领域，诸如尖端武器、飞行器的研制与开发、数据模型的可视化、虚拟训练、娱乐与艺术等领域具有广泛的应用，而且由于其具有能够对真实环境进行增强显示输出的特性，在医疗研究与解剖训练、精密仪器制造和维修、军用飞机导航、工程设计和远程机器人控制等领域，具有比VR技术更加明显的优势。

任务1-4：了解计算机发展趋势

未来的计算机将实现超高速、超小型、并行处理和智能化，具有感知、思考、判断、学习以及一定的自然语言能力。

（1）计算机的发展趋势

巨型化、微型化、网络化、智能化将是未来计算机的发展趋势。

❀ 巨型化：指计算机的运算速度更高，存储容量更大，功能更强。

❀ 微型化：随着超大规模集成电路和微电子技术的发展，计算机的体积趋于微型化。现在笔记本电脑、掌上电脑、智能手机已广泛应用于人们的生活中。

❀ 网络化：计算机网络是计算机技术和通信技术相结合的产物，现代信息社会将世界上各个地区的计算机连接起来，形成一个规模巨大、功能强大的计算机网络，使信息得以快速高效地传递。

❀ 智能化：计算机智能化就是要求计算机能模拟人的感觉和思维能力，这也是第五代计算机要实现的目标。智能化的研究领域很多，其中最具代表性的领域是专家系统和机器人。

（2）计算机技术发展的趋势

非接触式人机界面、原创内容、多人在线、物联网、人工智能计算机将是未来计算机技术发展的趋势。

❀ 非接触式人机界面：从微软的Kinect到苹果公司的Siri，再到谷歌（微博）眼镜，我们开始期待在未来可以用完全不同的方式操纵电脑。随着空间感知和生物识别技术的发展，在未来十年里，人机交互将变得非常简单。

❀ 原创内容：在过去的几年里，计算机技术已经变得更加本地化、移动化，同时也更具有社交性，未来的数字化战场将转移到消费者的客厅里。一种新兴的战略是开发原创节目，以吸引和保持用户群。

❀ 多人在线：在过去的十年中，大型多人在线游戏十分流行，与传统的电脑游戏不同，多人在线游戏不是让游戏玩家简单地与计算机比赛，而是与其他许多人在线PK（"PK"源于网络游戏中的"Player Killing"）。这种游戏引人入胜。现在，多人在线生活已经不止于游戏和聊天，美国在线教育网站Khan Academy提供成千上万的教育视频，任何入学年龄的孩子都可以在线学习各种学科的课程。该网站开发的"大型网上开放课程（MOOC）"可以向用户免费提供大学教育课程。

⊛ 物联网：物联网是物物相连的互联网。物联网技术的发展，意味着我们接触的几乎任何物体都可以变成一个计算机终端并与我们的智能手机实现无缝连接，移动支付、智能交通、环境保护、政府工作、公共安全、平安家居、智能消防等都是物联网的应用领域。

⊛ 人工智能计算机：人工智能是使计算机模拟人的某些思维过程和智能行为（如学习、推理、思考、规划等）的学科，主要包括计算机实现智能的原理、制造类似于人脑智能的计算机，使计算机能实现更高层次的应用。许多人工智能公司都在为将自然语言处理与大数据系统在云中结合起来而努力。这些大数据系统将比我们最好的朋友更了解我们，它们不但包含人类的所有知识，而且将与整个物联网相连接。IBM 的超级电脑沃森（Watson）就是这方面的第一个成果。

（3）云计算和大数据

1）云计算（Cloud Computing）：云计算是一种按使用量付费的模式，这种模式可按需提供可用的、便捷的网络访问，进入可配置的计算资源共享池（资源包括网络、服务器、存储、应用软件、服务），这些资源能够被快速提供，只需投入很少的管理工作，或与服务供应商进行很少的交互。

"云"是互联网的一种比喻说法。云计算是传统计算机和网络技术发展融合的产物，具有超大规模、虚拟化、高可靠性、通用性、高可扩展性、按需服务、极其廉价等特点。同时云计算也具有潜在的危险性，云计算服务除了提供计算服务以外，还提供存储服务，云计算中的数据对于数据所有者以外的其他用户是保密的，但是对于提供云计算的商业机构而言却无秘密可言，如何保障这些数据不被窃取是一个十分重要的技术问题。

云计算的服务包括以下几方面。

⊛ 基础设施即服务（Infrastructure-as-a-Service，IaaS）：消费者通过 Internet 可以从完善的计算机基础设施获得服务。IaaS 是把数据中心、基础设施等硬件资源通过 Web 分配给用户的商业模式。

⊛ 平台即服务（Platform-as-a-Service，PaaS）：将软件研发的平台作为一种服务，以 SaaS 的模式提交给用户。PaaS 服务使得软件开发人员可以在不购买服务器等设备环境的情况下开发新的应用程序。

⊛ 软件即服务（Software-as-a-Service，SaaS）：这是一种通过 Internet 提供软件的模式，用户无须购买软件，而是向提供商租用基于 Web 的软件，来管理企业经营活动。

国内主要的云计算公司包括公有云服务提供商阿里云、腾讯云、UCloud 和华为云等，基于开源 OpenStack 的云服务解决方案提供商九州云、海云捷讯和 EasyStack 等，以及基于 Docker 容器技术的服务解决方案提供商灵雀云等。

随着云计算的普及和应用，基于互联网的应用将会逐渐渗透到每个人的生活中。多云即将成为 IT 常态。随着多云环境激增，以及云策略的成熟，云的使用将得到更多优化。在未来，人们只需要一台笔记本电脑或者一部手机，就可以通过网络服务来实现自己需要的一切，甚至包括完成超级计算这样的任务。

2）大数据（big data）：大数据是一种规模大到在获取、存储、管理、分析方面都大大超出了传统数据库软件工具能力范围的数据集合。它具有海量的数据规模、快速的数据流转、多样的数据类型和价值密度低四大特征。

大数据与云计算密不可分，它必须依托云计算的分布式处理、分布式数据库和云存储、虚拟化技术。随着大数据时代的到来，数据将如能源、材料一样，成为战略性资源。如何利用数据资源发掘知识、提升效益、促进创新，使其服务于国家治理、企业决策乃至个人生活服务，是大数据时代的重要战略课题。

国内主要的大数据公司有：阿里巴巴、华为、百度、腾讯、浪潮、中兴等。

2015 年 9 月，国务院印发《促进大数据发展行动纲要》，系统部署大数据发展工作。2015 年 9 月 18 日，贵州省启动我国首个大数据综合试验区的建设工作。2016 年 3 月 17 日，《中华人民共和国国民经济和社会发展第十三个五年规划纲要》发布，其中第二十七章"实施国家大数据战略"提出：把大数据作为基础性战略资源，全面实施促进大数据发展行动，加快推动数据资源共享开放和开发应用，助力产业转型升级和社会治理创新。具体包括：加快政府数据开放共享，促进大数据产业健康发展。2017 年 6 月，首届中国数据安全峰会在杭州召开，峰会以"共建数据安全，共享数据安全"为宗旨，共同探讨中国数据安全的未来。

3）智慧办公：智慧办公是一种利用云计算技术对办公业务所需的软硬件设备进行智能化管理，实现企业应用软件统一部署与交付的新型办公模式。

智慧办公利用云计算技术将企业所需的日常办公应用集成到虚拟桌面，统一交付和管理。智慧办公不仅能有效改善企业内部沟通管理流程，而且可以解决企业信息化过程中的常见问题。借助于智慧办公的模式，企业可以实现对内部办公设施的统一管理、快速部署和灵活扩展，同时能有效降低能耗以及实现随时随地的远程移动办公等新型业务需求，这对企业在需求快速多变且存在许多不确定因素的市场环境中，保持核心竞争力，起到了非常重要的作用。

4）智慧城市：智慧城市是运用信息和通信技术手段感测、分析、整合城市运行核心系统的各项关键信息，从而对包括民生、环保、公共安全、城市服务、工商业活动在内的各种需求做出智能响应。其实质是利用先进的信息技术，实现城市智慧式管理和运行，进而为城市中的人创造更美好的生活，促进城市的和谐、可持续成长。

从技术发展的视角来看，智慧城市建设要求通过以移动互联网技术为代表的新一代信息技术应用实现全面感知、泛在互联、普适计算与融合应用。从社会发展的视角来看，智慧城市还要求通过对社交网络、Fab Lab、Living Lab、综合集成法等工具和方法的应用，实现以用户创新、开放创新、大众创新、协同创新为特征的知识社会环境下的可持续创新，强调通过价值创造、以人为本实现经济、社会、环境的全面可持续发展。智慧城市是继数字城市之后信息化城市发展的高级形态。

智慧城市的建设在国内外许多地区已经展开，并取得了一系列成果，国内的如"智慧上海""智慧双流"；国外如新加坡的"智慧国计划"、韩国的"U-City 计划"等。

核心知识与技巧

核心知识 1：计算机的工作原理

（1）图灵机模型的基本思想

20 世纪 30 年代，图灵提出了图灵机的概念，直观地说明了通用计算机器的工作机制，建立了指令、程序及通用机器执行程序的理论模型，这是图灵最大的贡献。

图灵机由控制器、可无限延伸的纸带和纸带上左右移动的读写头构成，包括输入字符集合、内部状态集合和行动集合。图灵认为，凡是能用算法解决的问题，也一定能用图灵机解决；凡是图灵机解决不了的问题，任何算法也解决不了，这就是著名的图灵可计算性问题。

（2）冯·诺依曼关于计算机组成和工作方式的基本设想

美籍匈牙利科学家冯·诺依曼（John von Neumann）奠定了现代计算机的基本结构，这一结构又称冯·诺依曼结构。冯·诺依曼结构计算机可以概括为以下三个基本点。

◎ 计算机硬件系统由运算器、存储器、控制器、输入设备、输出设备五大部分组成。

◎ 采用二进制形式表示数据和指令。

◎ 在执行程序和处理数据时必须将程序和数据从外存储器装入主存储器，然后才能使计算机在工作时自动从存储器中取出指令并加以执行。

冯·诺依曼结构计算机是基于"存储程序控制"原理进行工作的。计算机在运行时，控制器控制输入设备或外存储器将数据和程序输入内存储器，在控制器的控制下，从内存储器中取出第一条指令，通过控制器分析指令，从内存储器中取出数据进行指定的运算和逻辑操作，运算结果由控制器控制从内存储器输送到输出设备。之后，控制器从内存储器中读取下一条指令，并进行分析操作，依此进行下去。直至遇到停止指令。

指令是计算机能够识别和执行的一些基本操作，通常包含操作码和操作数两部分。操作码规定计算机要执行的基本操作类型，如加法、减法、乘法、除法等操作；操作数告诉计算机哪些数据参与操作。计算机系统中所有指令的集合称为计算机的指令系统。每种计算机都有一套自己的指令系统，它规定了计算机所能完成的全部基本操作。

程序是由若干条指令构成的指令序列。计算机运行程序时，就是顺序执行程序中所包含的指令，不断重复"取出指令—分析指令—执行指令"的过程，直到构成程序的所有指令全部执行完毕，就完成了程序的运行，实现了相应的功能。

核心知识 2：计算机的硬件系统

（1）计算机的基本组成

计算机系统由硬件系统和软件系统两大部分组成。

计算机的基本组成

硬件是计算机系统中所有实际物理装置的总称，软件是在计算机中运行的各种程序和相关数据及文档，程序是用来指出计算机硬件如何进一步进行规定的操作，数据是程序处理的对象，文档是提供给用户使用的操作说明、技术资料等。

计算机硬件系统由运算器、控制器、存储器、输入设备、输出设备五大部分组成，各部分之间用总线相连，各部分之间的关系如图 1-2 所示。

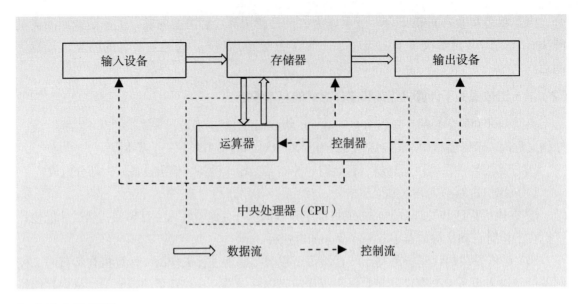

图 1-2
计算机五大部件
关系图

（2）中央处理器

运算器和控制器构成了中央处理器，又称为微处理器或 CPU（Central Processing Unit）芯片。中央处理器负责对输入信息进行各种处理，能高速执行指令完成二进制数据的算术运算、逻辑运算和数据传送操作。

运算器用来对二进制数据进行各种基本的算术和逻辑运算，也称算术逻辑单元（Arithmetic and Logic Unit，ALU）。

控制器是计算机的指挥中心，它负责从存储器中取出指令并译码，根据指令的要求，按时间的先后顺序向其他部件发出控制信号，保证各部件之间的工作协调一致。

高速缓冲存储器（Cache），简称缓存、快存，在计算机存储系统的层次结构中，Cache 是介于中央处理器和主存储器之间的高速小容量存储器。Cache 使用价格昂贵但较快速的静态随机存储器（Static Random Access Memory，SRAM）技术，其读写速度几乎与 CPU 一样。当计算机执行程序时，数据与地址管理部件预测可能需要的数据和指令，将这些数据和指令预先从主存读出并送到 Cache；一旦需要，首先检查 Cache，若有就从 Cache 中读取，若无再访问主存。Cache 中的数据只是主存很小一部分内容的映射，将主存中的信息调入 Cache 的操作，是在主板芯片组的控制下自动完成的。

计算机的性能主要由 CPU 决定。CPU 的性能主要表现在执行速度的快慢，CPU 的运算速度与 CPU 的字长、工作频率、Cache 容量、指令系统、运算器的逻辑结构等有关。

认识存储器

（3）存储器

存储器是存储以二进制形式表示的程序和数据的部件。存储器中能够存放的最大信息量称为存储容量，基本单位是字节（Byte）。存储容量是存储器的一项重要性能指标。存储器经常使用的单位有：千字节（KB）、兆字节（MB）、吉字节（GB）、太字节（TB）等。它们之间的换算关系如下：

$$1\ KB=2^{10}\ B=1\ 024\ B \qquad\qquad 1\ MB=2^{20}\ B=1\ 024\ KB$$

$$1\ GB=2^{30}\ B=1\ 024\ MB \qquad\qquad 1\ TB=2^{40}\ B=1\ 024\ GB$$

计算机中处理的是二进制数据，由 0 和 1 两个二进制位组成，称为比特（bit）。它与字节之间的关系是：1 B=8 bit。

按照与 CPU 的接近程度，存储器分为内存储器与外存储器，简称内存与外存。内存储器又常称为主存储器（简称主存），属于主机的组成部分；外存储器又常称为辅助存储器（简称辅存），属于外部设备。CPU 不能像访问内存那样，直接访问外存，外存要与 CPU 或 I/O 设备进行数据传输，必须通过内存进行。二者的区别如表 1-2 所示。

表 1-2　内存储器与外存储器

	内存储器	外存储器
存取速度	较快	较慢
存储容量	较小（单位成本较高）	较大（单位成本较低）
性质	断电后信息丢失	断电后信息保留
材料	大规模、超大规模集成电路芯片	磁盘、光盘、U 盘、移动硬盘、磁带等
用途	存放已启动运行的程序和需要立即处理的数据	长期存放计算机系统中几乎所有的信息
CPU 访问	CPU 所处理的指令及数据直接从内存中读取	程序及相关数据必须先送入内存后才能被 CPU 使用
读 / 写单位	字节	文件
访问方式	按内存地址访问	按路径访问

按照读写功能，存储器分为只读存储器（Read Only Memory，ROM）和随机读写存储器（Random-Access Memory，RAM）。只读存储器是一种能够永久或半永久地保存数据的存储器，即使断电后，存放在 ROM 中的数据也不会丢失，所以也叫作非易失性存储器。随机读写存储器是与 CPU 直接交换数据的内部存储器，它可以随时读写，而且速度很快，但这种存储器在断电时会丢失其中保存的数据。按照存储单元的工作原理，随机存储器又分为静态随机存储器（Static Random Access Memory，SRAM）和动态随机存储器（Dynamic Random Access Memory，DRAM）两种。

常见的外存储器有以下几种。

◉ 硬盘存储器：硬盘存储器是磁盘存储器的一个分类，可以用来临时、短期或长期保存各类信息。其特点是：可读写、大容量、不便携带。硬盘存储器的原理是利用磁记录技术在涂有磁记录介质的旋转圆盘上进行数据存储。磁盘存储器通常由磁盘盘片、磁盘驱动器和磁盘控制器构成。一个硬盘驱动器中包含多张盘片，每张盘片的上下两面都能记录信息，通常把磁盘表面称为记录面，每个记录面用一个磁头，每个记录面上一系列同心圆称为磁道，所有盘片上相同半径的一组磁道称为柱面，每个磁道分为若干个扇区。硬盘的存储容量由磁头数、柱面数、每个磁道的扇区数和每个扇区的字节数决定，即

硬盘存储容量 = 磁头数 × 柱面数 × 扇区数 × 512 字节

◉ 光盘存储器：光盘存储器由光盘驱动器和光盘片组成。光盘片采用激光材料将数据存放在一条由里向外的连续的螺旋状光道中。光盘存储数据的原理是通过在盘面上压制凹坑的方法来记录信息，凹坑的边缘处表示"1"，凹坑内和凹坑外的平坦部分表示"0"，信息的读出需要使用激光进行分辨和识别。按性能不同，光盘分为只读存储光盘（CD-ROM）、可记录光盘（CD-R）、可读写光盘（CD-RW）、只读存储数字多功能光盘（DVD-ROM）、数字多用途可记录光盘（DVD-R）、数字多用途可读写光盘（DVD-RW）、只读存储器蓝光光盘（BD-

ROM)、可记录蓝光光盘（BD-R）、可读写蓝光光盘（BD-RW）等。

⊛ 移动存储器：目前广泛使用的移动存储器有 U 盘、存储卡和移动硬盘。其中，U 盘和存储卡采用 FLASH ROM 制成，具有信息存取速度快、体积小、重量轻的特点。U 盘采用 USB 接口，几乎可以与所有计算机连接，支持热插拔。

计算机中的各种内存储器和外存储器组成一个层状的塔式结构，如图 1-3 所示。它们相互取长补短，协调工作。

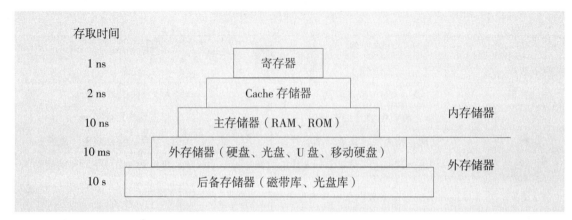

图 1-3 ◐
存储器的层次结构

（4）认识输入设备

输入设备是用来向计算机输入信息的设备的统称。键盘、鼠标器、写字板、触摸屏、扫描仪、数码相机等都属于输入设备。不论信息的原始形态如何，输入计算机的信息都是使用，二进制表示的。

常用的输入设备有以下几种。

⊛ 键盘：键盘是计算机最常用也是最主要的输入设备，用户的程序、数据以及各种对计算机的命令都可以通过键盘输入。键盘根据按键分为触点式和无触点式。

⊛ 鼠标：鼠标能够方便地控制屏幕上的鼠标箭头准确地定位在指定位置，通过按键完成各种操作。其接口类型有串行、PS/2、USB 和无线 4 种。鼠标主要分为机械式鼠标、光电式鼠标和光机式鼠标。鼠标的基本操作包括：移动、单击、双击、右击、拖动。

⊛ 扫描仪：扫描仪是一种光电一体化的高科技产品，它是将原稿经过图像扫描、转换、编码以形成数字图像并输入计算机的一种输入设备。扫描仪按其处理的颜色可分为黑白扫描仪和彩色扫描仪两种，按其扫描方式分为手持式、台式、平板式和滚筒式 4 种。扫描仪的主要性能指标有：分辨率、色彩位数、扫描幅面、与主机的接口类型等。

⊛ 数码相机：数码相机是一种利用电子传感器把光学影像转换成电子数据的照相机。其接口类型有 USB 数字接口、模拟视频信号输出接口和 1394 接口。

常用输入与输出设备

（5）认识输出设备

输出设备是计算机中完成输出任务的设备。多数输出设备是将计算机中用"0"和"1"表示的信息转换成人可以直接识别和感知的形式或者间接识别和感知的形式。显示器、打印机、绘图仪等都是输出文字和图形的设备，音箱是输出语音和音乐的设备。

⊛ 显示器：显示器用于查看输入计算机的程序、数据和图形信息经计算机处理后的结果，是计算机必不可少的图文输出设备。显示器分为阴极射线管（Cathode Ray Tube，CRT）显示器和液晶显示器（ Liquid Crystal Display，LCD）两种。CRT 显示器由于笨重、耗电、有辐射等缺点，现几乎已被 LCD 显示器所取代。LCD 显示器的主要性能指标有：显示屏尺寸（显示屏对角线长度）、显示分辨率、刷新速率、像素深度等。

◎ 打印机：打印机能把程序、数据、字符、图形打印在纸上。分为针式打印机、激光打印机、喷墨打印机三种。针式打印机是一种击打式打印机，主要应用于银行、税务、证券、邮电等领域；激光打印机是激光技术与复印技术相结合的产物，它是一种高质量、高速度、低噪声、价格适中的输出设备，分为黑白和彩色两种。喷墨打印机是一种非击打式输出设备，它的优点是能输出彩色图像，经济且噪声低，打印效果好，在彩色图像输出设备中占绝对优势。打印机的主要性能指标有：打印精度、打印速度、色彩数目和打印成本等。

核心知识 3：计算机的软件系统

软件是程序以及与程序相关的数据和文档的集合。不同的软件完成不同的任务。与硬件不同，软件是无形的，具有不可见性、适用性、依附性、复杂性、无磨损性、易复制性、不断演变性等特点。

从功能的角度出发，通常将软件分为系统软件和应用软件两大类。

（1）系统软件

计算机软件系统

系统软件是为有效地运行计算机，给应用软件开发与运行提供支持或为用户管理与使用计算机提供方便的一类软件，包括：基本输入 / 输出软件、操作系统、程序开发工具与环境、数据库管理系统（Database Management System，DBMS）等。

操作系统（Operating System）是最重要的系统软件，是许多程序模块的集合，它能以尽量有效、合理的方式组织和管理计算机的软硬件资源，合理地安排计算机的工作流程，控制和支持应用程序的运行，并向用户提供操作服务及人机交互的界面。

操作系统主要通过 CPU 管理、存储管理、设备管理和文件管理，对计算机的各种资源进行合理的分配，改善资源的共享和利用程度，最大限度地提高计算机系统的处理能力。

根据工作方式不同，操作系统可分为单用户操作系统（如 MS-DOS）、单用户多任务操作系统（如 Windows 98）、多用户多任务操作系统（如 Windows XP、Windows 10、UNIX、Linux 等）。

语言处理程序是为用户设计的编程服务软件，用于将高级语言编写的源程序翻译成计算机能识别的等价目标程序，从而让计算机解决问题。程序设计语言主要有：机器语言、汇编语言、高级语言三类。

机器语言是使用计算机指令系统的程序语言，是计算机硬件唯一能识别和执行的语言；汇编语言是用助记符来代替机器指令的操作码和操作数，汇编语言编写的程序不能被计算机直接执行，必须用专门的翻译程序将其转换成机器语言程序，这个过程称为"汇编"；高级语言是一种接近人们自然语言的程序设计语言，高级语言必须通过解释或编译程序将其翻译成机器语言才能执行，用高级语言编写的程序称为源程序。

源程序翻译成目标程序有编译和解释两种方法。

◎ 解释程序：解释程序是按源程序语句顺序逐条翻译并立即执行相应功能的处理程序，相当于两种语言中的"口译"。它对源程序的语句从头到尾逐句扫描、逐句执行，翻译过程不形成目标程序。解释程序的优点是实现简单、便于修改和调试，缺点是执行效率低。

◎ 编译程序：编译程序把高级语言编写的源程序作为整体进行处理，相当于"笔译"。它在执行过程中形成目标程序。编译程序的优点是可执行程序运行速度快，缺点是编译的链接比较费时。

（2）应用软件

应用软件是针对各种应用需求出现的，用于解决各种不同具体问题的软件。按其开发方式和适用范围，应用软件可分为通用应用软件和定制应用软件两类。

通用应用软件可以在许多行业和部门中共同使用。常用的通用应用软件如表1-3所示。

表1-3 常见的通用应用软件

类别	功能	举例
文字处理软件	文本编辑、文字处理、排版等	Word、Adobe Acrobat、WPS 等
电子表格软件	表格定义、数据处理等	Excel、WPS 等
图形图像软件	图像处理、几何图形绘制、动画制作等	AutoCAD、Photoshop、CorelDraw、3DMAX 等
媒体播放软件	播放各种数字音频和视频文件	Media Player、Real Player 等
网络通信软件	电子邮件、网络文件传输、Web 浏览	QQ、微信、MSN、Outlook Express 等
演示软件	投影制作等	PowerPoint、WPS 等
信息检索软件	在互联网中查找需要的信息	百度、Google 等
个人信息管理软件	记事本、日程安排、通讯录等	Outlook
游戏软件	游戏、教育、娱乐	棋牌类游戏、角色游戏等

定制应用软件是按照不同的领域用户的特定要求而专门设计的软件，如银行的金融管理软件、超市的销售管理软件、人事管理软件等。

信息安全
与道德

核心知识 4：《中华人民共和国网络安全法》

《中华人民共和国网络安全法》（以下简称《网络安全法》）是为保障网络安全，维护网络空间主权和国家安全、社会公共利益，保护公民、法人和其他组织的合法权益，促进经济社会信息化健康发展制定的。由全国人民代表大会常务委员会于2016年11月7日发布，自2017年6月1日起施行。

《网络安全法》的颁布，其立法本意是要在我国推广"安全可控"的产品和服务。"安全可控"包含着三方面，第一，在于"产品的安全可控"，即禁止网络服务提供者通过网络非法控制和操纵用户设备，损害用户对设备和系统的控制权；第二，在于"数据的自主可控"，即禁止网络服务提供者利用提供产品或服务的便利条件非法获取用户重要数据，损害用户对自己数据的控制权；第三，在于"用户的选择可控"，即禁止服务提供者利用用户对其产品和服务的依赖性，限制用户选择使用其他产品和服务，损害用户的网络安全和利益。

深入认识《网络安全法》，主要认识以下十个要点。

（1）网络空间主权原则制度

《网络安全法》前所未有地提出了网络空间主权概念，丰富了我国享有的主权范围，它将网络空间主权视为我国国家主权在网络空间中的自然延伸和表现。将网络空间的概念上升为国家主权，更有利于保障我国合法网络权益不受他国或国外组织的侵害。一切在我国网络空间领域内非法入侵、窃取、破坏计算机及其他服务设备或提供相关技术的行为，都将被视作侵害我国国家主权的行为。

（2）网络安全等级保护制度

《网络安全法》确立的网络安全等级保护制度将网络安全分为五个等级，随着级别的提高，国家信息安全监管部门介入的强度越大，以此对信息系统安全保护起到监督和检查作用。

（3）实名认证制度

《网络安全法》规定了网络服务经营者、提供者及其他主体在与用户签订协议或者确认提供服务时应当采取实名认证制度，包括但不限于网络接入、域名注册、入网手续办理、为用户提供信息发布、即时通信等服务。实务中，这一制度的灵活性及可操作性较强，可采取前台匿名、后台实名的方式进行。但是，实名认证的工作必须落实到位，对于不实行网络实名制的，最高可对平台处以 50 万元的罚款。

（4）关键信息基础设施运营者采购网络产品、服务的安全审查制度

《网络安全法》对提高我国关键信息基础设施安全可控水平提出了相关法律要求，并配套相继出台了《网络产品和服务安全审查办法（试行）》（该《办法》与《网络安全法》均于2017 年 6 月 1 日起生效），明确了关系国家安全的网络和信息系统采购的重要网络产品和服务，对网络产品和服务的安全性、可控性应当经过网络安全审查。涉及国家安全、军事领域等产品及服务的采购，若可能影响国家安全的，应当经过国家安全审查。

（5）安全认证检测制度

针对网络关键设备和网络安全专用产品，《网络安全法》规定应当按照相关国家标准的强制性要求，由具备资格的机构安全认证合格或者安全检测符合要求后，方可销售或者提供。

（6）重要数据强制本地存储制度

《网络安全法》主要调整的是关键信息基础设施运营者收集个人信息重要数据的合法性问题，规定了需要强制在本地进行数据存储。

（7）境外数据传输审查评估制度

本地存储的数据若确属需要转移出境的，需要同时满足以下条件：

◎ 经过安全评估认为不会危害国家安全和社会公共利益的；

◎ 经个人信息主体同意的。

另外，该制度还规定了一些法律拟制的情况，比如拨打国际电话、发送国际电子邮件、通过互联网跨境购物以及其他个人主动行为，均可视为已经取得了个人信息主体同意。

（8）个人信息保护制度

《网络安全法》在如何更好地对个人信息进行保护这一问题上有了相当大的突破。它确立了网络运营者在收集、使用个人信息过程中的合法、正当、必要原则。形式上，进一步要求通过公开收集、使用规则，明示收集、使用信息的目的、方式和范围，经被收集者同意后方可收集和使用数据。另外，《网络安全法》加大了对网络诈骗等不法行为的打击力度，特别是对网络诈骗严厉打击的相关规定，切中了个人信息泄露乱象的要害，充分体现了保护公民合法权利的立法原则。

（9）个人信息流通制度

针对目前个人信息非法买卖、非法分享的社会乱象，《网络安全法》给出了一记重拳，规

定未经被收集者同意，网络运营者不得泄露、篡改、毁损其收集的个人信息。但是，经过处理无法识别特定个人且不能复原的不在此列。这样的规定即杜绝了个人信息数据被非法滥用，又不影响网络经营者及管理者由于自身企业发展需要所面临的大数据分析问题。

（10）网络通信管制制度

网络通信管制制度的确立目的是在发生重大事件的情况下，通过赋予政府行政介入的权力，牺牲部分通信自由权，来维护国家安全和社会公共秩序。该做法是国际通行做法，例如，在发生暴恐事件中，可切断不法分子的通联渠道，避免事态进一步恶化，保障用户的合法权益，维护社会稳定。但是这种管制影响是比较大的，因此《网络安全法》严谨地规定实施临时网络管制，需要经过国务院决定或者批准。一般来说，网络通信管制制度的实施是短时性的，一旦事件处置结束，政府会立即恢复正常通信，以尽可能少地对个人通信带来不便。

网络安全主要威胁

网络安全管理

入侵检测与防御

核心技巧 1：日常生活中的网络安全

网络安全是指网络系统的硬件、软件及其系统中的数据受到保护，不因偶然的或者恶意的原因而遭受到破坏、更改、泄露，系统连续可靠正常地运行，网络服务不被中断。主要特性有：保密性、完整性、可用性、可审查性。

网络安全常用的技术有以下几种。

◎ 数据加密：数据加密是指改变原始信息中符号的排列方式或按某种规律替换部分或全部符号，使得只有合法的接收方通过数据解密才能读懂接收到的信息。

◎ 数字签名：数字签名的目的是让对方相信消息的真实性。加密技术是数字签名的保证。

◎ 身份鉴别：身份鉴别是指证实某人或某物的真实身份与其所声称的身份是否相符的过程，其目的是防止欺诈和假冒攻击。

◎ 访问控制：身份鉴别是访问控制的基础。对系统中信息资源的访问必须进行有效的控制，这是在身份鉴别之后根据用户的不同身份而进行授权实现的。

◎ 防火墙：防火墙是指一个由软件和硬件设备组合而成，在内部网和外部网之间、专用网和公用网之间的界面上构造的保护屏障。

核心技巧 2：计算机病毒与病毒防护

计算机病毒是人为蓄意编制的一种具有自我复制能力、寄生性、破坏性的计算机程序。计算机病毒存在于计算机中，通过自我复制进行传播，在一定条件下被激活，从而给计算机系统造成损害甚至严重破坏系统中的软件、硬件和数据资源。

计算机病毒具有破坏性、隐蔽性、传染性、寄生性、潜伏性、可触发性等特征。

其常见的分类方法见表 1-4。

表 1-4 计算机病毒常见的分类方法

分类方法	病毒类型	含义
存在的媒体	网络病毒	通过计算机网络传播感染网络中的可执行文件
	文件病毒	感染计算机中的文件，如扩展名为 .exe、.doc 的文件
	引导型病毒	感染启动扇区和硬盘的系统引导扇区

分类方法	病毒类型	含义
传染方法	驻留型病毒	感染计算机后，把自身的内存驻留部分放在内存中，处于激活状态，一直到关机或重新启动
	非驻留型病毒	病毒在得到机会激活时并不感染计算机内存
破坏能力	无害型	除了传染时减少磁盘的可用空间外，对系统没有其他影响
	无危险型	这类病毒仅仅是减少内存、显示图像、发出声音
	危险型	这类病毒在计算机系统操作中造成严重的错误
	非常危险型	这类病毒删除程序，破坏数据，清除系统中重要的信息

检测与消除计算机病毒最常用的方法是使用专门的杀毒软件，但杀毒软件的开发与更新总是稍稍滞后于新病毒的出现。杀毒软件并不能清除所有的病毒。常用的杀毒软件有：360杀毒、Norton、卡巴斯基、瑞星、金山毒霸等。

预防计算机病毒的侵害可采取以下措施：

❀ 不使用来历不明的存储介质、程序和数据。

❀ 不轻易打开来历不明的电子邮件，特别是附件。

❀ 对重要的资料进行备份。

❀ 为计算机安装杀毒软件，定期查杀病毒，并及时升级。

❀ 不要在互联网上随意下载软件。

 【真题训练】

训练名称：选择题

1. 目前的许多消费电子产品（数码相机、数字电视机等）中都使用了不同功能的微处理器来完成特定的处理任务，计算机的这种应用属于（　　）。

    A. 科学计算　　　　　　　　B. 实时控制

    C. 嵌入式系统　　　　　　　D. 辅助设计

2. 世界上公认的第一台电子计算机诞生的年代是（　　）。

    A. 20 世纪 80 年代　　　　　B. 20 世纪 90 年代

    C. 20 世纪 40 年代　　　　　D. 20 世纪 30 年代

3. 数码相机里的照片可以利用计算机软件进行处理，计算机的这种应用属于（　　）。

    A. 图像处理　　　　　　　　B. 辅助设计

    C. 实时控制　　　　　　　　D. 嵌入式系统

4. 下列英文缩写和中文名字的对照中，正确的是（　　）。

    A. CAI——计算机辅助制造

    B. CAM——计算机辅助教育

    C. CAD——计算机辅助设计

    D. CIMS——计算机集成管理系统

5. 下列关于世界上第一台电子计算机 ENIAC 的叙述中，错误的是（　　）。

    A. ENIAC 是 1946 年在美国诞生的

    B. 研制它的主要目的是用来计算弹道

若要进行电子答题，
请扫描二维码

C. 它主要采用电子管和继电器

D. 它是首次采用存储程序和程序控制自动工作的电子计算机

6. 下面关于 USB 的叙述中，错误的是（   ）。

    A. USB 具有热插拔与即插即用的功能

    B. USB 接口的外表尺寸比并行接口大得多

    C. USB2.0 的数据传输率大大高于 USB1.1

    D. 在 Windows XP 下，使用 USB 接口连接的外部设备（如移动硬盘、U 盘等）不需要驱动程序

7. 下列设备组中，完全属于外部设备的一组是（   ）。

    A. CPU，键盘，显示器

    B. U 盘，内存储器，硬盘

    C. 激光打印机，移动硬盘，鼠标器

    D. SRAM 内存条，CD-ROM 驱动器，扫描仪

8. 下列选项中，完整描述计算机操作系统作用的是（   ）。

    A. 它对用户存储的文件进行管理，方便用户

    B. 它是用户与计算机的界面

    C. 它执行用户输入的各类命令

    D. 它管理计算机系统的全部软、硬件资源，合理组织计算机的工作流程，以充分利用计算机资源，为用户提供使用计算机的友好界面

9. 高级程序设计语言的特点是（   ）。

    A. 高级语言与具体的机器结构密切相关

    B. 高级语言数据结构丰富

    C. 高级语言接近算法语言，不易掌握

    D. 用高级语言编写的程序计算机可立即执行

10. 计算机主要技术指标通常是指（   ）。

    A. 所配备的系统软件的版本

    B. 硬盘容量的大小

    C. 显示器的分辨率、打印机的配置

    D. CPU 的时钟频率、运算速度、字长的存储容量

11. 计算机安全是指计算机资产安全，即（   ）。

    A. 计算机信息系统资源不受自然有害因素的威胁和危害

    B. 信息资源不受自然和人为有害因素的威胁和危害

    C. 计算机信息系统资源和信息资源不受自然和人为有害因素的威胁和危害

    D. 计算机硬件系统不受人为有害因素的威胁和危害

12. 下列关于计算机病毒的叙述中，正确的是（   ）。

    A. 计算机病毒发作后，将对计算机硬件造成永久性的物理损坏

    B. 反病毒软件可以查、杀任何种类的病毒

    C. 反病毒软件必须随着新病毒的出现而升级，增强查、杀病毒的功能

    D. 感染过计算机病毒的计算机具有该病毒的免疫性

任务名称：填空题

1.一个完整的计算机系统由＿＿＿＿＿和＿＿＿＿＿组成。

2.计算机系统中软件的核心是＿＿＿＿＿，它主要用来控制和管理计算机的所有软硬件资源。

3.＿＿＿＿＿是存储器的一项重要性能指标。

4.将高级语言翻译成机器语言有＿＿＿＿＿和＿＿＿＿＿两种方式。

5.用高级语言编写的程序称为＿＿＿＿＿。

教学目标	（1）理解数制的概念 （2）掌握数制之间的转换 （3）掌握计算机中的信息编码
本单元重点	（1）数制的概念 （2）数制之间的转换 （3）计算机中的信息编码 （4）汉字编码的转换
本单元难点	（1）数制之间的转换 （2）计算机中的信息编码 （3）汉字编码的转换
教学方法	任务驱动法、讲授法、演示操作法
建议课时	6课时（含考核评价）

【任务描述】

　　润达医疗科技公司徐经理给大一新生做完关于"互联网＋医疗"的报告之后，很多学生与徐经理互动，表示大家通过报告对"互联网＋"有了更进一步的认识，同时学生们也想知道现实世界中的信息是如何在计算机中表示的，大家要求徐经理再做一次报告。为此徐经理要求秘书小王查找一些计算机中信息表示方法的相关内容，作为徐经理第二次报告的素材资料。

【任务分析】

　　本任务主要讲解数制的概念、数制之间的转换、计算机中信息的表示、汉字编码的转换等内容。

【任务实施】

任务2-1：数制转换

数制、二进制
与十进制转换

（1）认识数制

　　数制也称计数制，是用一组固定的符号和一套统一的规则来表示数值的方法。数制包含两个基本要素：基数和位权。数制中包含数码的个数称为该数制的基数。数制中某一位上的数码所表示的数值的大小称为该数制的位权，位权与数码所在的位置有关，基数为 R 的位权为 R^i。常用的进制数有十进制、二进制、八进制和十六进制。

　　1）十进制：使用十个不同的数字符号（0，1，2，3，4，5，6，7，8，9）表示数字，基数为 10，加法规则"逢十进一"，十进制各位的权值是 10 的整数次幂。十进制的标志是尾部加"D"或缺省。

　　例：写出十进制数 123.456 的按位权展开式。

　　$123.456 = 1 \times 10^2 + 2 \times 10^1 + 3 \times 10^0 + 4 \times 10^{-1} + 5 \times 10^{-2} + 6 \times 10^{-3}$

2）二进制：使用 0 和 1 两个不同的数字符号表示数字，基数为 2，加法规则"逢二进一"，二进制数各位的权值是 2 的整数次幂。二进制的标志是尾部加"B"或将数字用括号括起来，在括号的右下角写上基数 2，写成如（101）$_2$ 的形式。

计算机的硬件基础是数字电路，所有的器件只有两种状态，恰好可以对应"1"和"0"这两个数码。二进制具有运算规则简单、逻辑判断方便、机器可靠性高等特点，计算机中的数多用二进制表示。

例：写出二进制数 101.101 的按位权展开式。

（101.101）$_2$=$1 \times 2^2+0 \times 2^1+1 \times 2^0+1 \times 2^{-1}+0 \times 2^{-2}+1 \times 2^{-3}$

3）八进制：使用八个不同的数字符号（0，1，2，3，4，5，6，7）表示数字，基数为 8，加法规则"逢八进一"，八进制各位的权值是 8 的整数次幂。八进制的标志是尾部加"O"或将数字用括号括起来，在括号的右下角写上基数 8，写成如（127）$_8$ 的形式。

例：写出八进制数（127.35）$_8$ 的按位权展开式。

（127.35）$_8$=$1 \times 8^2+2 \times 8^1+7 \times 8^0+3 \times 8^{-1}+5 \times 8^{-2}$

4）十六进制：使用十六个不同的符号（0，1，2，3，4，5，6，7，8，9，A，B，C，D，E，F）表示（其中 A、B、C、D、E、F 分别表示十进制数里的 10、11、12、13、14、15），基数为 16，加法规则"逢十六进一"，十六进制各位的权值是 16 的整数次幂。十六进制数的标志是尾部加"H"或将数字用括号括起来，在括号的右下角写上基数 16，写成如（123A）$_{16}$ 的形式。

例：写出十六进制数（12A.34B）$_{16}$ 的按位权展开式。

（12A.34B）$_{16}$=$1 \times 16^2+2 \times 16^1+10 \times 16^0+3 \times 16^{-1}+4 \times 16^{-2}+11 \times 16^{-3}$

十进制、十进制、八进制和十六进制数的对应关系如表 1-5 所示。

表 1-5　不同进制数和二进制对应表

二进制（B）	十进制（D）	八进制（O）	十六进制（H）	二进制（B）	十进制（D）	八进制（O）	十六进制（H）
0000	0	0	0	1000	8	10	8
0001	1	1	1	1001	9	11	9
0010	2	2	2	1010	10	12	A
0011	3	3	3	1011	11	13	B
0100	4	4	4	1100	12	14	C
0101	5	5	5	1101	13	15	D
0110	6	6	6	1110	14	16	E
0111	7	7	7	1111	15	17	F

（2）数制之间的转换方法

1）非十进制转换成十进制。

非十进制数转换成十进制时按位展开，然后相加即可。

例：将二进制数 11011.101 转换成十进制数。

（11011.101）$_2$=$1 \times 2^4+1 \times 2^3+0 \times 2^2+1 \times 2^1+1 \times 2^0+1 \times 2^{-1}+0 \times 2^{-2}+1 \times 2^{-3}$=（27.625）$_{10}$

例：将八进制数 175.6 转换成十进制数。

（175.6）$_8$=$1 \times 8^2+7 \times 8^1+5 \times 8^0+6 \times 8^{-1}$=（125.75）$_{10}$

例：将十六进制数 A3E.4 转换成十进制数。

$(A3E.4)_{16}=10 \times 16^2+3 \times 16^1 + 14 \times 16^0+4 \times 16^{-1}=(2622.25)_{10}$

2）十进制数转换成二进制数。

十进制数转换成二进制数需将数字的整数部分和小数部分分别转换，再连接起来。整数部分采用"除 2 取余倒读"法，即用十进制数不断除以 2 取余数，直到商为 0 为止，得到的余数逆序排列；小数部分采用"乘 2 取整正读"法，即用十进制小数不断乘以 2 取整数，直到小数部分为 0 或达到指定的精度为止，所得整数顺序排列。

例：将十进制数 25.625 转换为二进制数。

二进制与八进制

3）二进制数转换成八进制、十六进制。

二进制数转换成八进制时，从低位到高位每 3 位分成一组，不足 3 位的，整数部分在左侧补 0，小数部分在右侧补 0。

例：将二进制数 10011100110 转换为八进制数。

$(010011100110)_2=(2346)_8$
　　2　3　4　6

例：将二进制数 1101101110.1101 转换为八进制数。

$(001101101110.110100)_2=(1556.64)_8$
　　1　5　5　6 . 6　4

二进制数转换成十六进制时，从低位到高位每 4 位分成一组，不足 4 位的，整数部分在左侧补 0，小数部分在右侧补 0。

例：将二进制数 10011100110 转换为十六进制数。

$(010011100110)_2=(4E6)_{16}$
　　4　　E　　6

例：将二进制数 1101101110.1101 转换为十六进制数。

$(001101101110.1101)_2=(36E.D)_8$
　　3　　6　　E . D

4）八进制数和十六进制数转换为二进制数。

八进制数转换为二进制数时，每 1 位八进制数对应 3 位二进制数。

例：将八进制数 123 转换为二进制数。

$(123)_8=(001\ 010\ 011)_2$
　　　　　1　2　3

例：将八进制数 746.5 转换为二进制数。

$(746.5)_8=(111\ 100\ 110\ .\ 101)_2$
　　　　　7　4　6 . 5

十六进制数转换为二进制数时，每1位十六进制数对应4位二进制数。

例：将十六进制数9A1.C转换为二进制数。

$(9A1.C)_{16} = (\underline{1001}\ \underline{1010}\ \underline{0001}\ .\ \underline{1100})_2$

　　　　　　　9　A　1　.　C

任务2-2：掌握计算机中信息的编码

　整数的编码

（1）整数的编码

在计算机中处理数值数据时，除了进制转换以外，还要解决数字的正负号和带小数部分数值的小数点的处理问题。整数的编码表示不使用小数点，或者认为小数点固定隐含在个位数的右面。计算机中整数的二进制编码有原码、反码、补码三种表示形式。

1）原码：用二进制数的最高位表示整数的符号（"0"代表正号，"1"代表负号），其余位表示数值的大小。注意：多数计算机中不采用反码表示数值。

例：若用8位的二进制表示，$[+41]_{原码}=00101001$，$[-41]_{原码}=10101001$。

2）反码：正数的反码与原码相同，负数的反码是除符号位外，对其原码逐位到反。

例：若用8位的二进制表示，$[+41]_{反码}=00101001$，$[-41]_{反码}=11010110$。

3）补码：正数的补码与原码相同，负数的补码是在其反码的基础上加1。在计算机系统中，数值一律采用补码表示，原因是使用补码可以将符号位和其他位统一处理，同时，减法也可以按加法来处理。

例：若用8位的二进制表示，$[+41]_{补码}=00101001$，$[-41]_{补码}=11010111$。

（2）字符的编码

　西文字符编码

计算机既可以处理数值数据，又可以处理各种字符数据。字符、符号、汉字等字符数据也要按一定规则编码，以便统一交换、传输和处理。

1）西文字符的编码。

西文是由拉丁字母、数字、标点符号和一些特殊符号组成的。ISO（International Organization for Standardization，国际标准化组织）指定ASCII码（American Standard Code for Information Interchange，美国标准信息交换码）为国际标准，它适用于所有拉丁文字母。标准ASCII码采用7位二进制位进行编码，在计算机中使用1个字节存储1个ASCII字符，每个字节中的最高位保持为"0"。ASCII码字符集共有128个字符，其中包含96个可打印字符和32个控制字符，常用字符的ASCII码：空格（32）、A（65）、B（66）、……、Z（90）、a（97）、b（98）、……、z（122）、数字0（48）、1（49）、……、9（57）。ASCII码字符集如表1-6所示。

表1-6　ASCII码表

低4位	高3位							
	000	001	010	011	100	101	110	111
0000	NUL	DLE	Space	0	@	P	`	p
0001	SOH	DC1	!	1	A	Q	a	q
0010	STX	DC2	"	2	B	R	b	r
0011	ETX	DC3	#	3	C	S	c	s

低4位	高3位							
	000	001	010	011	100	101	110	111
0100	EOT	DC4	$	4	D	T	d	t
0101	ENQ	NAK	%	5	E	U	e	u
0110	ACK	SYN	&	6	F	V	f	v
0111	BEL	ETB	'	7	G	W	g	w
1000	Backspace	CAN	(	8	H	X	h	x
1001	HT	EM	)	9	I	Y	i	y
1010	LF	SUB	*	:	J	Z	j	z
1011	VT	ESC	+	;	K	[	k	{
1100	FF	FS	,	<	L	\	l		
1101	CR	GS	−	=	M	]	m	}
1110	SO	RS	.	>	N	^	n	~
1111	SI	US	/	?	O	_	o	Delete

标准的 ASCII 字符集只有 128 个不同的字符，在很多应用中无法满足要求。按照 ISO 2022 标准（《七位字符集的代码扩充技术》）规定，ISO 陆续制定了一批适用于不同地区的扩充 ASCII 字符集，每个扩充 ASCII 字符集分别可以扩充 128 个字符，这些扩充的字符编码将标准 ASCII 编码的最高位设置为"1"，称为扩展 ASCII 码。

2）汉字编码。

使用计算机对汉字信息进行处理，一般涉及汉字的输入、加工、存储和输出几个方面。由于汉字有数量大、使用的国家和地区多、字形复杂、同音字多等特点，常用的汉字编码字符集有《信息交换用汉字编码字符集——基本集》（GB 2312—1980）、《汉字内码扩充规范》（GBK）、《信息技术中文编码字符集》（GB 18030—2005）、台湾地区的标准汉字字符集 CNS11643（BIG5，俗称"大五码"）等。

《信息交换用汉字编码字符集——基本集》（GB 2312—1980）简称交换码或国标码，收录了 6763 个汉字和 682 个非汉字图形字符，其中一级常用汉字 3755 个，按汉语拼音排列；二级常用汉字 3008 个，按偏旁部首排列。

核心知识与技巧

 二进制基本运算

核心知识 1：二进制数的算术运算与逻辑运算

二进制数的算术运算包括加法、减法、乘法、除法运算。

二进制加法运算规则：0+0=0；0+1=1；1+0=1；1+1=0（向高位进位 1）。

二进制减法运算规则：0−0=0；1−0=1；1−1=0；0−1=1（向高位借 1，借 1 当 2）。

二进制乘法运算规则：0×0=0；0×1=0；1×0=0；1×1=1。

二进制除法运算规则：0÷1=0；1÷1=1；0÷0 和 1÷0 均无意义。

二进制数的逻辑运算包括与、或、非、异或运算。

二进制逻辑与运算规则：0∧0=0；0∧1=0；1∧0=0；1∧1=1。

二进制逻辑或运算规则：0 ∨ 0=0；0 ∨ 1=1；1 ∨ 0=1；1 ∨ 1=1。

二进制逻辑非运算规则：~0=1；~1=0。

二进制逻辑异或运算规则：0 ⊕ 0=0；0 ⊕ 1=1；1 ⊕ 0=1；1 ⊕ 1=0。

核心技巧 1：汉字编码的转换

汉字编码的转换

✿ 区位码：GB 2312 国标字符集构成一个 94 行、94 列的二维平面，行号为区号，列号为位号，每个汉字或符号在码表中都有各自的位置，由区号和位号来表示，如"大"字的区号是 20，位号是 83，则"大"字的区位码为 2083。对应的二进制编码为 0001010001010011B，转换成十六进制为 1453H。

✿ 国标交换码（简称国标码）：将 GB 2312 字符集中每个汉字的区号和位号分别加上 32（即十六进制的 20H）即可转换为该汉字的国标码，如"大"字的国标码为 3473H，国标码的计算公式为：国标码 = 区位码 +2020H。

✿ 机内码：又称内码，是供计算机系统存储、处理和传输汉字使用的代码。把汉字看作两个扩展的 ASCII 码，也就是将表示 GB 2312 汉字国标码两个字节的最高位都设置为"1"（即将汉字的国标码加上 8080H）。如"大"字的机内码为 B4F3H。机内码的计算公式为：机内码 = 国标码 +8080H。

【真题训练】

训练名称：选择题

若要进行电子答题，请扫描二维码

1. 汉字国标码（GB 2312—1980）把汉字分成（　　）。

　　A. 简化字和繁体字两个等级

　　B. 一级汉字、二级汉字和三级汉字三个等级

　　C. 常用字、次常用字、罕见字三个等级

　　D. 一级常用汉字、二级次常用汉字两个等级

2. 已知三个字符为：a、Z 和 8，按它们的 ASCII 码值升序排序，结果是（　　）。

　　A. a，8，Z　　　　B. 8，a，Z　　　　C. a，Z，8　　　　D. 8，Z，a

3. 十进制数 121 转换成无符号二进制整数是（　　）。

　　A. 1001111　　　　B. 100111　　　　C. 111001　　　　D. 1111001

4. 在计算机内部用来传送、存储、加工处理的数据或指令所采用的形式是（　　）。

　　A. 十进制码　　　　B. 二进制码　　　　C. 八进制码　　　　D. 十六进制码

5. 在微机中，西文字符所采用的编码是（　　）。

　　A. 国标码　　　　B. EBCDIC 码　　　　C. ASCII 码　　　　D. BCD 码

6. 在一个非零无符号二进制整数之后添加一个 0，则此数的值为原数的（　　）。

　　A. 4 倍　　　　B. 1/2 倍　　　　C. 2 倍　　　　D. 1/4 倍

7. 在下列字符中，其 ASCII 码值最小的一个是（　　）。

　　A. Z　　　　B. p　　　　C. a　　　　D. 9

8. 在 ASCII 编码中，字母 A 的 ASCII 编码为 65，那么字母 f 的 ASCII 编码为（　　）。

　　A. 70　　　　B. 102　　　　C. 103　　　　D. 130

9. 已知"江"字的区位码是"2913"，则其机内码是（   ）。

    A. 3D2D   B. 4535   C. 6145   D. BDAD

10. （   ）简称交换码或国标码。

    A. GB2312—1980   B. GBK   C. BIG5   D. GB18030

［任务拓展］

任务名称：填空题

1. 标准的 ASCII 码用 7 位二进制位表示，可表示不同的编码个数是_____。

2. 一个字长为 8 位的无符号二进制整数能表示的十进制数值范围是_____。

3. 若十进制数"–57"在计算机内部表示为 11000111，则其表示方式为_____码。

4. 11 位补码可表示的整数取值范围是_____~1023。

5. 设某汉字的区位码是 2710D，则其国标码为_____；其机内码为_____。

第 2 单元

Windows 10 操作系统

　　Windows 10 是由微软公司（Microsoft）研发的跨平台及设备应用的操作系统，是微软发布的最新的 Windows 版本。Windows 10 新增了生物识别技术、Cortana 搜索功能、多桌面等功能。Windows 10 可供选择的版本有：家庭版（Home）、专业版（Professional）、企业版（Enterprise）、教育版（Education）、移动版（Mobile）、移动企业版（Mobile Enterprise）、专业工作站版（Windows 10 Pro for Workstation）、物联网核心版（Windows 10 IoT Core）。

【教学导航】

教学目标	（1）熟悉 Windows 10 的工作界面 （2）掌握 Windows 10 中文件和文件夹的创建、复制、删除、重命名等操作 （3）掌握 Windows 10 中文件和文件夹属性的设置操作 （4）掌握 Windows 10 中快捷方式的设置
本单元重点	（1）Windows 10 中窗口的使用 （2）Windows 10 中文件和文件夹属性的设置
本单元难点	（1）Windows 10 中文件和文件夹的基本操作 （2）Windows 10 中快捷方式的设置
教学方法	任务驱动法、演示操作法
建议课时	2 课时（含考核评价）

【任务描述】

小李是软件专业的一名大一新生，为了方便以后的学习，他在开学之初购买了一台新电脑，并且安装了 Windows 10 操作系统，为了让自己更加快速方便地使用电脑，小李需要收集 Windows 10 的相关知识并进行学习。

【任务分析】

本任务主要讲解 Windows 10 的启动与关闭、Windows 10 的窗口、Windows 10 的资源管理器、Windows 10 的文件和文件夹操作等内容。

【任务实施】

任务 1-1：Windows 10 的启动与关闭

启动计算机时按照先外设后主机的原则，接通电源后依次打开显示器等外设电源开关，然后打开主机电源开关。开启计算机后，Windows 10 被载入计算机内存，系统启动完成后进入 Windows 10 欢迎界面。如果只有一个账户且没有设置密码，则直接进入 Windows 10 系统；如果系统中存在多个账户，则需要选择相应的账户，当选择的账户设置了密码时，必须输入正确的密码才能进入系统。

系统加载完成后进入 Windows 10 的桌面。桌面是用户与计算机交流最频繁的场所之一。桌面由桌面背景、桌面图标、任务栏三部分组成，如图 2-1 所示。

◎ 桌面背景是 Windows 10 的背景图片，用户可以根据自己的喜好更改设置。

◎ 桌面图标是由一个可以反映对象类型的图片和相关文字说明组成，双击这些图标可以运行相应的应用程序或者打开文件。

◎ 任务栏位于 Windows 10 桌面的底部，主要用来管理当前正在运行的任务。它由"开始"按钮、快速启动按钮、任务栏按钮区、语言栏、通知区域、显示桌面按钮等组成。每一个运行的任务都会占据任务栏上的一个区域。单击任务栏上的某个应用程序按钮，可以将其显示为当前程序窗口。通过鼠标拖动任务栏可以将其移动到桌面四个边缘的任一位置。

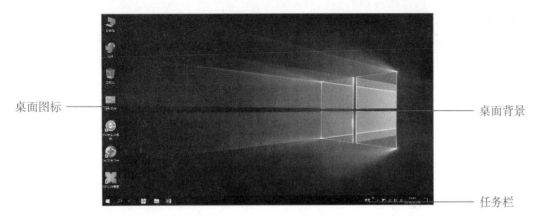

桌面图标 ——————————————————————— 桌面背景

——————————————————————— 任务栏

◀图2-1
Windows 10 的
桌面

需要关闭计算机时，先将计算机中的文件和数据保存，关闭所有打开的应用程序。单击"开始"按钮，在弹出的"开始"菜单中单击"关机"按钮，如图2-2所示。

需要重新启动计算机时，可以单击"关机"按钮右侧的箭头按钮，从弹出的列表中选择"重新启动"选项，计算机将会关闭正在运行的程序并保存个人设置，重新启动 Windows 10，但不会自动关闭计算机电源。

当计算机出现"死机"情况时，可以长按计算机电源开关直至电源关闭，使用这种强制关闭计算机的方法后再次重启计算机时，进入操作系统之前系统会对硬盘进行扫描检测，检测会有一个提示和等待的时间，按任意键可以跳过检测，直接启动系统。

任务 1-2：Windows 10 窗口的使用

Windows 10 运行的程序都是以窗口的形式显示的。双击 Windows 10 桌面上的图标，就可以打开该对象对应的窗口，如双击桌面上的"此电脑"图标，即可打开"此电脑"窗口，如图2-3所示。

◀图2-2
"开始"菜单中的
"关机"按钮

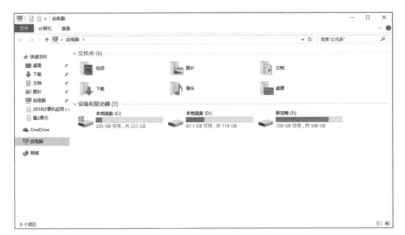

Windows 10 的窗口主要由标题栏、地址栏、搜索框、前进和后退按钮、导航窗格、文件窗格、列表详细显示按钮、缩略图显示按钮组成，如图2-4所示。

◀图2-3
"此电脑"窗口

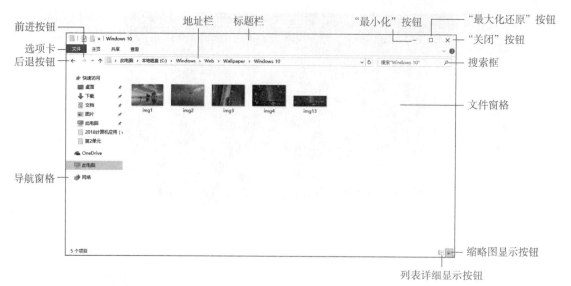

前进按钮 地址栏 标题栏 "最小化"按钮 "最大化还原"按钮
选项卡 "关闭"按钮
后退按钮 搜索框
文件窗格
导航窗格
缩略图显示按钮
列表详细显示按钮

图 2-4 ➤
Windows 10 窗口
组成

⚛ 标题栏：用于显示窗口名称的长条栏，标题栏上有"最小化"按钮、"最大化/还原"按钮、"关闭"按钮。

⚛ 地址栏：显示了当前访问位置的完整路径，其中每个文件夹都显示为一个按钮，单击某个按钮即可快速地跳转到相应的文件夹中。

⚛ 搜索框：用于在当前位置进行搜索，在其中输入搜索文字时，在文件内部或文件名称中包含所输入的关键字的文件都会被显示出来。

⚛ 前进和后退按钮：用于快速访问上一个或下一个浏览过的位置。

⚛ 选项卡：在 Windows 10 窗口中，选项卡默认是隐藏的，按键盘上的 <Alt> 键可以将其显示出来。菜单栏中列出了与文件和文件夹操作有关的命令。

⚛ 导航窗格：以树形结构显示了一些常见的位置，同时该窗格中还根据不同位置的类型显示了多个节点，每个子节点可以展开或合并。

⚛ 文件窗格：是窗口的主体，列出了当前浏览位置包含的所有内容。

⚛ 列表详细显示按钮：在窗口中显示每一项的相关信息。

⚛ 缩略图显示按钮：使用大缩略图显示。

Windows 10 窗口的基本操作有以下几种。

⚛ 窗口的最小化、最大化和还原：通过窗口标题栏上的"最小化"按钮、"最大化/还原"按钮可以实现。另外，双击标题栏可以使窗口在最大化和还原两种状态间进行切换；单击任务栏上的任务按钮可以使窗口在最小化和最大化（还原状态）之间切换。

⚛ 窗口的移动：窗口的移动必须是窗口在还原的状态下进行。将鼠标指针移到窗口的标题栏上按住鼠标左键并进行拖动，到希望的位置松开鼠标即可。

⚛ 调整窗口大小：把鼠标指针移到窗口的四个角或四条边上时，鼠标指针变成双向箭头，此时按住鼠标左键拖动，即可调整窗口的大小。

⚛ 窗口的排列：右击任务栏的空白区域，从弹出的快捷菜单中选择"层叠窗口"或"并排显示窗口"命令，都可以改变窗口的排列方式。要将窗口恢复到原来的状态时，再次右击任务栏空白处，从弹出的快捷菜单中选择"取消层叠"或"取消并排显示"命令即可。

⚛ 窗口的切换：在"任务栏"中单击应用程序名或单击桌面上的应用程序窗口的任一部分可实现已打开窗口之间的切换。使用 <Alt+Tab> 组合键可以切换上一次查看的窗口，按住 <Alt> 键并重复按 <Tab> 键，可在所有打开窗口的缩略图和桌面之间循环切换，如图 2-5 所示。

图 2-5
Windows 10 窗口切换

◎ 窗口的关闭：就是停止程序的运行。可以使用多种方法关闭窗口：单击标题栏上的"关闭"按钮；按 <Alt+F4> 组合键；按 <Ctrl+W> 组合键；右击任务栏上的窗口按钮，从弹出的快捷菜单中选择"关闭"命令；单击菜单栏上的"文件"按钮，从下拉列表中选择"关闭"或"退出"命令。

任务 1-3：认识 Windows 10 对话框

对话框主要用于用户和系统之间进行信息对话，是一类特殊的窗口。以下的几种情况可能会出现对话框。

◎ 单击带有省略号（...）的菜单命令。

◎ 按相应的组合键，如 <Ctrl+O>，打开对话框。

◎ 执行程序时，系统出现对话框，提示操作或警告信息。

◎ 选择帮助信息。

对话框的外形与窗口类似，有标题栏，没有菜单栏和工具栏；对话框的大小固定，不能改变，但可以进行移动或关闭操作，一般对话框的组成如图 2-6 所示。

图 2-6
Windows 10 的对话框组成

对话框是某个程序的固有组成部分，对话框的形态不一，但组成对话框的元素一般包括以下几项。

◎ 标题栏：位于对话框的最上方，标明了对话框的名称，右侧有关闭按钮。

◎ 文本框：供用户输入信息或对输入的内容进行修改、删除操作。

⊛ 命令按钮：对话框中呈圆角矩形且带有文字的按钮，通常包含"确定""应用""取消"等。

⊛ 下拉列表框：列出多个选项，用户可以从中选取但通常不能更改。

⊛ 单选按钮或复选框：单选按钮是一组互斥的选项，其后有相应的文字说明。复选框可以任意选择，其后有相应的文字说明，选中后，其复选框中会出现"√"符号，再次单击可撤销其选中。

核心知识与技巧

核心知识 1：Windows 10 文件资源管理器

文件资源管理器是 Windows 10 操作系统提供的资源管理工具，我们可以用它查看本台电脑的所有资源，特别是它提供的树形文件系统结构，使我们能更清楚、更直观地认识电脑的文件和文件夹。利用文件资源管理器可以对文件或文件夹进行创建、选定、移动或复制、删除、重命名等操作。

右击"开始"按钮，从弹出的快捷菜单中选择"文件资源管理器"命令，如图 2-7 所示。即可打开文件资源管理器，如图 2-8 所示。

◀ 图 2-7
"文件资源管理器"
按钮

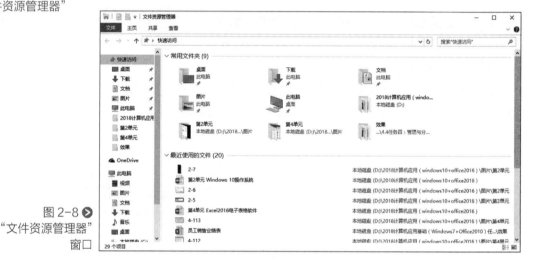

图 2-8 ▶
"文件资源管理器"
窗口

资源管理器的左侧窗格用于显示所有磁盘和文件夹列表，右侧窗格用于显示选定的磁盘和文件夹的内容。在 Windows 10 中，单击文件夹窗中的某个文件夹时，该文件夹就成为当前文件夹，右侧窗格中显示了该文件夹的内容。

核心知识 2：管理文件和文件夹

（1）文件和文件夹

文件夹是用于存放文件或文件夹的一个容器。在文件夹中包含的文件夹叫作子文件夹，每个子文件夹中又可以包含任意数量的文件或文件夹对象。

文件是一组存储计算机数据的相关信息的有序集合。任何一个文件都有文件名，文件名是存取文件的依据，一个磁盘上通常存有大量的文件，用户可以将这些文件分门别类地存放到不同的文件夹中。

在 Windows 10 操作系统中，文件和文件夹的命名需要遵循以下规则：

◈ 名称可以由字母、数字、汉字、下画线等符号组成，但不能包含尖括号（< >）、正斜杠（/）、反斜杠（\）、竖杠（｜）、冒号（：）、问号（？）、星号（*）、双引号（"）。

◈ 名称最多由 255 个字符或 127 个汉字组成，英文字母不区分大小写。

◈ 同一个文件夹中的子文件夹不能重名，同一个文件夹中的文件包括扩展名在内不能重名。

文件的扩展名用于区分文件的类型。常见文件的扩展名如表 2-1 所示。

表 2-1　常见文件的扩展名

文件类型	扩展名
可执行文件	.exe、.com、.bat
高级语言源程序文件	.c、.cpp、.frm、.java
文本文件	.txt、.rtf、.docx、.pdf、.wps
图像文件	.bmp、.jpg、.gif、.png
电子表格	.xlsx
视频文件	.avi、.mpg、.mov
声音文件	.wav、.mid、.mp3
系统文件	.sys、.ini、.log

文件在文件夹树中的位置称为文件的路径。文件的路径是用反斜杠（\）隔开的一系列子文件夹来表示的。可以使用两种方式来指定文件路径：绝对路径和相对路径。绝对路径是指文件在系统中存放的绝对位置，从该文件所在的磁盘根文件夹开始，如 D:\Program Files\Tencent\QQ\QQ.exe 就是 QQ 可执行文件的绝对路径的表示；相对路径是指文件在磁盘中相对于当前文件对象的位置，相对路径以 "." ".." 或文件夹名称开始，"." 表示当前文件夹，".." 表示上一级文件夹。

（2）文件和文件夹操作

1）新建文件或文件夹。

新建文件：打开准备新建文件所在的文件夹，右击鼠标，从弹出的快捷菜单中选择"新建"级联菜单中的相应应用程序。或打开相关的程序，然后保存文件到相应的文件夹，也可完成文件的新建。

新建文件夹：选择需要新建文件夹的目标位置，右击鼠标，从弹出的快捷菜单中选择"新建"级联菜单中的"文件夹"命令，输入文件夹名称后按 <Enter> 键即可完成文件夹的新建。

2）选取文件或文件夹。

◈ 选取单个文件或文件夹：单击文件或文件夹对象的图标。

◈ 选取多个连续文件或文件夹：单击第一个文件或文件夹，按住 <Shift> 键再单击最后一个文件或文件夹；或按住鼠标左键拖动鼠标进行圈选。

◈ 选取多个不连续文件或文件夹：按住 <Ctrl> 键，再用鼠标单击要选定的文件或文件夹对象。

◈ 全部选定：选择"编辑"菜单的"全选"命令，或按 <Ctrl+A> 组合键。

3）打开文件或文件夹。

双击要打开的文件或文件夹对象图标，即可实现文件或文件夹的打开操作。

4）文件或文件夹的重命名。

需要更改文件或文件夹的名称时，可对文件进行重命名操作，操作方法如下：

◎ 选中需要重命名的文件或文件夹对象，单击其对象名，重新输入对象名称，按 <Enter> 键确认，即可完成对象的重命名操作。

◎ 选中需要重命名的文件或文件夹对象，按 <F2> 键，也可以对对象进行重命名操作。

◎ 选中需要重命名的文件或文件夹对象，单击"组织"按钮，从下拉列表中选择"重命名"命令。

◎ 右击需要重命名的文件或文件夹对象，从弹出的快捷菜单中选择"重命名"命令。

5）文件或文件夹属性设置。

文件或文件夹属性包含类型、位置、创建日期、大小等信息，不同类型的文件属性会有所不同。

右击文件或文件夹图标，从快捷菜单中选择"属性"命令，打开"属性"对话框，如图 2-9 所示。

图 2-9
"属性"对话框

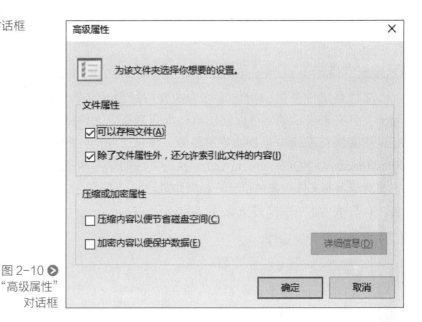

图 2-10
"高级属性"对话框

在对话框中可以通过勾选"只读""隐藏"前面的复选框，设置文件或文件夹的相关属性。当需要设置"存档"属性时，单击"高级"按钮，打开"高级属性"对话框，如图 2-10 所示。选中"可以存档文件夹"复选框，即可完成文件夹"存档"属性的设置。

6）删除文件或文件夹。

选择相应的文件或文件夹对象，直接按 <Delete> 键，或将选定的文件或文件夹拖到"回收站"中，或单击"组织"按钮，从下拉列表中选择"删除"命令，都可以将选中的对象删除。需要注意的是，这几种方法都是将对象放入回收站中，并没有真正删除，可以从回收站中将其还原。当需要从电脑上真正删除对象时，可在执行删除操作的同时按 <Shift> 键直接删除。

7）移动或复制文件或文件夹。

移动文件或文件夹是指将文件或文件夹对象从磁盘的一个位置转移到其他位置。右击需要移动的文件或文件夹对象，从弹出的快捷菜单中选择"剪切"命令，之后在目标位置右击鼠标，从弹出的快捷菜单中选择"粘贴"命令，即可完成对象的移动操作。

复制文件或文件夹是指在不删除当前文件或文件夹对象的前提下，在另一位置创建一个对象的副本。右击需要复制的文件或文件夹对象，从弹出的快捷菜单中选择"复制"命令，之后在目标位置右击鼠标，从弹出的快捷菜单中选择"粘贴"命令，即可完成对象的复制操作。

另外，也可以通过快捷键实现操作，<Ctrl+C>组合键实现复制功能，<Ctrl+V>组合键实现粘贴功能，<Ctrl+X>组合键实现剪切功能。

利用鼠标在不同的磁盘间拖动文件或文件夹对象可以实现对象的复制，如要移动，可以按<Shift>键实现强制移动；利用鼠标在同一磁盘间拖动对象可以实现对象的移动，如要复制，可按<Ctrl>键实现强制复制。

8）查找文件或文件夹。

单击"开始"按钮，在"搜索框"中输入要查找的文件或文件夹名称或包含的关键字，与其匹配的搜索结果将出现在"开始"菜单搜索框的上方，如在"搜索框"中输入"qq"，结果如图2-11所示。

打开的目标文件夹窗口，在其右上角的"搜索框"中输入搜索对象的名称或包含的关键字，结果如图2-12所示。

搜索某一类文件或文件夹对象时，还可以使用通配符号"？"和"*"。"？"表示任意一个字符，"*"表示任意多个字符。如搜索扩展名为".c"的所有文件，可在搜索框中输入"*.c"；如搜索以字母"A"开始的两个字符的任意文件时，可在搜索框中输入"A？.*"。

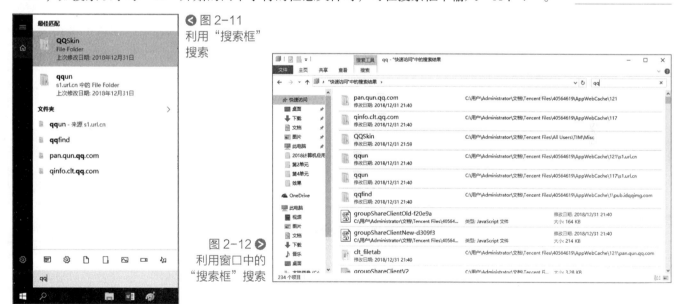

图2-11
利用"搜索框"搜索

图2-12
利用窗口中的"搜索框"搜索

核心技巧1：快捷方式

快捷方式是一种特殊类型的文件，它是指向相应目标的链接。快捷方式可以是指向文件的，也可以是指向文件夹的，还可以是指向某个设备的。创建的快捷方式实际上是一个扩展名为".lnk"的链接，删除快捷方式不会对其所链接的文件或文件夹有任何影响。

打开需要创建快捷方式的文件夹，右击其空白区域，从弹出的快捷菜单中选择"新建"→"快捷方式"命令，打开"创建快捷方式"对话框，单击"浏览"按钮，选择需要设置快捷方式的对象，如图 2-13 所示。单击"下一步"按钮，在"键入该快捷方式的名称"下方的文本框中输入快捷方式的名称，如图 2-14 所示。单击"完成"按钮，即可完成快捷方式的创建。

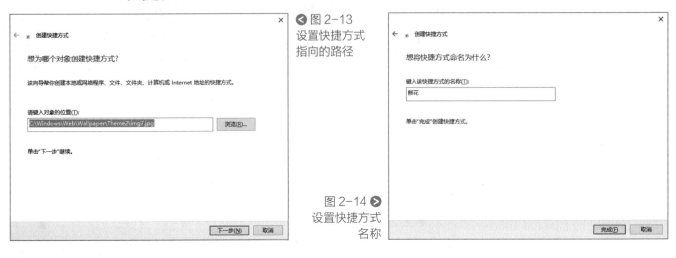

◀ 图 2-13
设置快捷方式
指向的路径

图 2-14 ▶
设置快捷方式
名称

○─【真题训练】

训练名称：操作题

打开素材中的"操作题一"文件夹，并进行如下的操作：

（1）将"KEEN"文件夹设置成隐藏属性。

（2）将"QEEN"文件夹移动到"操作题一"文件夹下"NEAR"文件夹中，并改名为"SUNE"。

（3）将"DEER\DAIR"文件夹中的文件"TOUR.PAS"复制到"操作题一"文件夹下"CRY\SUMMER"文件夹中。

（4）将"CREAM"文件夹中的"SOUP"文件夹删除。

（5）在"操作题一"文件下建立一个名为"TESE"的文件夹。

○─【任务拓展】

任务名称：操作题

在 D 盘创建"我的办公文档"文件夹，在此文件夹下分别创建"Word 文档""电子表格""记事本文档""PPT"文件夹；在"Word 文档"文件夹中创建文件"自我介绍 .docx"；搜索 C 盘中扩展名为".txt"的文件，选择两个复制到"记事本文档"文件夹中；设置"电子表格"文件夹属性为"只读"；隐藏"PPT"文件夹。

教学目标	（1）掌握 Windows 10 中个性化设置工作环境 （2）熟悉 Windows 10 中常见附件程序的使用
本单元重点	（1）Windows 10 中个性化设置工作环境 （2）Windows 10 中常见附件程序的使用
本单元难点	（1）Windows 10 中设置回收站 （2）Windows 10 中设置用户账户
教学方法	任务驱动法、演示操作法
建议课时	2 课时（含考核评价）

[任务描述]

　　小李掌握了 Windows 10 的一些基本操作之后，看到其他同学的电脑桌面很特别，他很感兴趣，也想让自己的电脑更具个性化。为此，他需要查找一些 Windows 10 工作环境个性化设置的相关资料进行学习。

[任务分析]

　　本任务主要讲解 Windows 10 主题的设置、控制面板的使用、附件程序的使用等内容。

[任务实施]

任务 2-1：设置主题

　　主题是用于使 Windows 10 系统个性化的图片、颜色、声音的组合。右击桌面空白处，从弹出的快捷菜单中选择"个性化"命令，可打开"设置"窗口，选择"主题"选项，单击"主题设置"链接，即可打开"个性化"窗口，如图 2-15 所示。

　　Windows 10 系统提供了多个主题，可以使计算机更加个性化，单击其中的主题即可以完成相应的设置。

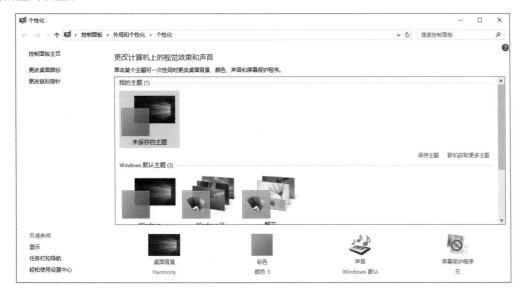

◀ 图 2-15
"个性化"窗口

单击"个性化"窗口中的"控制面板主页"链接可快速链接到"控制面板"窗口。

在"个性化"窗口中，单击"更改桌面图标"链接，打开"桌面图标设置"对话框，如图 2-16 所示。在此对话框中可设置桌面上显示的图标，需要更改图标时，选择一个桌面图标对象，单击"更改图标"按钮，打开"更改图标"对话框，从"从以下列表中选择一个图标"列表框中选择所需图标，如图 2-17 所示。单击"确定"按钮返回"桌面图标设置"对话框，再次单击"确定"按钮，返回"个性化"窗口，完成桌面图标的更改。

 图 2-16
"桌面图标设置"对话框

图 2-17 ➤
"更改图标"对话框

单击"更改鼠标指针"链接，打开"鼠标属性"对话框，如图 2-18 所示。从"方案"的下拉列表中选择合适的鼠标指针方案，即可完成对鼠标指针的个性化设置。需要恢复系统的默认值时，单击"使用默认值"按钮即可。

单击"显示"链接，打开"设置"窗口，如图 2-19 所示，在此窗口中可以自定义显示器设置，包括调整桌面显示方向、调整亮度级别、设置分辨率等。

 图 2-18
"鼠标属性"对话框

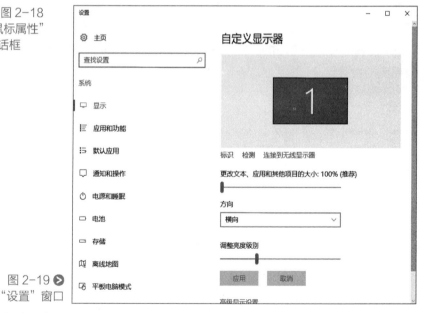

图 2-19 ➤
"设置"窗口

单击"桌面背景"链接，打开"设置"窗口，如图 2-20 所示。此窗口用于更改桌面的背景图片，单击"选择图片"下方的图片，即可更改桌面的背景图片。需要自定义桌面时，单击"浏览"按钮，打开"打开"对话框，选择需要使用的桌面背景图片即可。当需要系统定时更改桌面背景图片时，可以设置"更改图片的频率"下拉列表中的时长，如将"无序插放"开关设置为"开"，系统将随机选择图片作为桌面背景。

　　单击"彩色"链接，依次打开"设置""主题色"窗口，如图2-21所示。通过此窗口可设置系统中窗口的颜色、开始菜单颜色等内容。

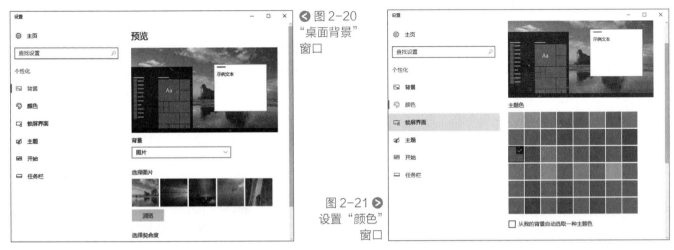

◀图2-20
"桌面背景"
窗口

图2-21▶
设置"颜色"
窗口

　　单击"窗口颜色"链接，打开"窗口颜色和外观"对话框，如图2-21所示。通过此对话框可设置系统中窗口的颜色、字体等内容。

　　单击"声音"链接，打开"声音"对话框，如图2-22所示。通过此对话框可设置系统声音的方案、程序事件以及合适的声音。

　　单击"屏幕保护程序"链接，打开"屏幕保护程序设置"对话框，从"屏幕保护程序"的下拉列表中选择合适的保护程序选项，设置等待时间，如图2-23所示。单击"确定"按钮，可以使计算机在一段时间内无用户操作时，启动屏幕保护程序，减少屏幕的损耗并防止无关人员看到屏幕内容。

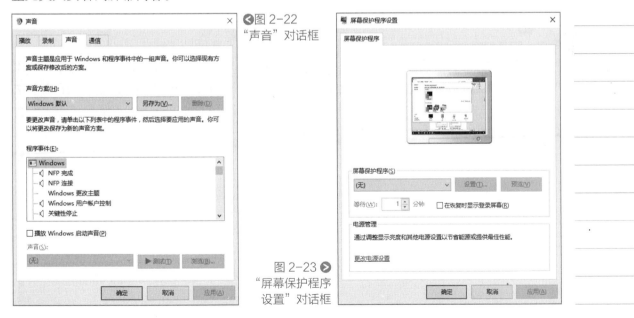

◀图2-22
"声音"对话框

图2-23▶
"屏幕保护程序
设置"对话框

任务 2-2：设置任务栏和开始菜单

任务栏（task bar）是指位于桌面最下方的小长条，主要由"开始"菜单、应用程序区、语言选项带（可解锁）、托盘区和"通知"按钮组成。

"开始"菜单是 Windows 操作系统中图形用户界面（GUI）的基本部分，可以称为是操作系统的中央控制区域。在默认状态下，"开始"按钮位于屏幕的左下方，是一个内嵌 Windows 标志的按钮。

右击任务栏空白处，从弹出的快捷菜单中选择"设置"命令，打开"设置"窗口，如图 2-24 所示。关闭"锁定任务栏"开关可使利用鼠标调整任务栏的大小和位置；打开"自动隐藏任务栏"开关可以隐藏任务栏；要使任务栏显示小图标，可打开"使用小任务栏按钮"开关；在"通知区域"组中，单击"选择哪些图标显示在任务栏上"链接，打开"设置—选择哪些图标显示在任务栏上"窗口，如图 2-25 所示。在下拉列表中，可以设置任务栏通知区域出现的图标，如打开"通知区域始终显示所有图标"开关，就可以在任务栏显示所有的图标和通知。

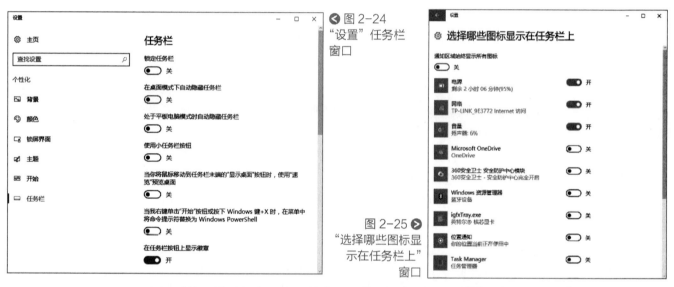

图 2-24
"设置"任务栏窗口

图 2-25
"选择哪些图标显示在任务栏上"窗口

在打开的"设置"窗口中，单击"开始"链接，可显示预览窗口，如图 2-26 所示，关闭"显示最常用的应用"开关，可以清除开始菜单中显示的最近打开的程序；单击"选择哪些文件夹显示在'开始'菜单上"链接，打开设置"选择哪些文件夹显示在'开始'菜单上"窗口，如图 2-27 所示，在此对话框中可自定义开始菜单上的链接、图标。

◀ 图 2-26
"设置"预览
窗口

图 2-27 ▶
设置开始菜单上
显示的文件夹

核心知识 1：控制面板

控制面板是 Windows 系统中一个重要的系统文件夹，Windows 把所有的系统环境设置功能都统一到了控制面板中，其中包含许多独立的工具，可以用来调整系统环境的参数值和属性。控制面板是整个计算机系统的统一控制中心，它使用户可以对系统进行个性化的设置。右击"开始"按钮，从弹出的菜单中选择"控制面板"命令，打开"控制面板"窗口，如图 2-28 所示。

◀ 图 2-28
"控制面板"窗口

Windows 10 系统的控制面板默认以"类别"的形式来显示功能菜单，分为系统和安全、用户账户和家庭安全、网络和 Internet、外观和个性化、硬件和声音、时钟语言和区域、程序、轻松访问等类别，每个类别下会显示该类的具体功能选项。

⚙ 系统和安全：用于查看并更改系统和安全状态、备份并还原文件和系统设置、更新计算机、查看 RAM 和处理器速度、检查防火墙等。

⚙ 用户账户和家庭安全：用于更改用户账户设置和密码，并设置家长控制。

⚙ 网络和 Internet：用于检查网络状态并更改网络设置、设置共享文件和计算机的首选项、配置 Internet 显示和连接等。

⚙ 外观和个性化：用于更改桌面项目的外观，应用主题或屏幕保护程序，或自定义"开始"菜单和任务栏。

◎ 硬件和声音：用于添加或删除打印机和其他硬件、更改系统声音、自动播放 CD、节省电源、更新设备驱动程序等。

◎ 时钟、语言和区域：用于更改计算机的时间、日期、时区、使用的语言以及货币、日期、时间显示的方式。

◎ 程序：用于卸载程序或 Windows 功能、卸载小工具、从网络或通过联机获取新程序等。

◎ 轻松访问：可以为视觉、听觉和移动能力的需要调整计算机设置，并通过声音命令使用语音识别控制计算机。

除了"类别"，Windows 10 控制面板还提供了"大图标"和"小图标"的查看方式，只需单击控制面板右上角"查看方式"旁边的小箭头，从中选择自己喜欢的形式就可以了。

核心知识 2：设置用户账户

用户账户是系统中用户的身份标志，它指定了用户在系统中的操作和访问权限。

（1）创建账户

右击"开始"菜单按钮，从菜单列表中选择"控制面板"命令，打开"控制面板"窗口，单击"用户账户"下方的"更改账户类型"链接，打开"管理账户"窗口，如图 2-29 所示，单击"在电脑设置中添加新用户"链接，打开"设置其他人员"窗口，单击"将其他人添加到这台电脑"链接，进入"Iusrmgr"窗口，单击"操作"下方的"操作"按钮，从弹出的列表中选择"新用户"命令，打开"新用户"窗口，如图 2-30 所示。

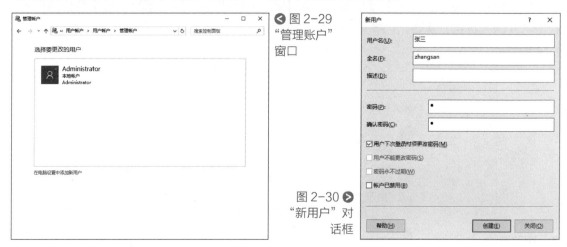

◀ 图 2-29
"管理账户"
窗口

图 2-30 ▶
"新用户"对
话框

在对话框中输入用户名、密码等信息，单击"创建"按钮，返回"Iusrmgr"窗口，窗口中即可显示刚刚创建的账户，如图 2-31 所示。

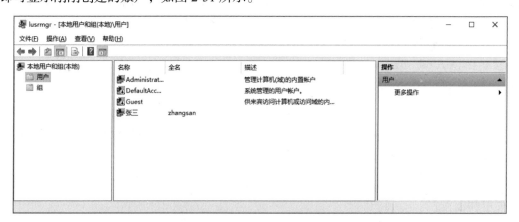

图 2-31 ▶
创建新账户效果

（2）更改账户

用户账户创建后，右击账户图标，弹出操作快捷菜单，如图 2-32 所示。选择"重命名"命令，即可更改账户名称。

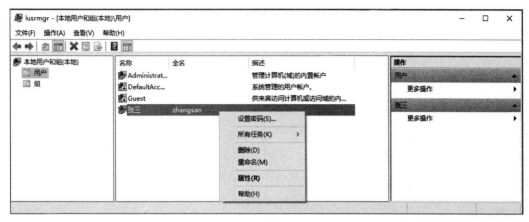

◀ 图 2-32
"更改账户"窗口

需要更改账户密码时，右击账户图标，在弹出的快捷菜单中选择"设置密码"命令，打开设置密码提示对话框，单击对话框中的"继续"按钮，打开"设置密码"对话框，如图 2-33 所示。在对话框的文本框中输入"新密码"和"确认密码"，单击"确定"按钮，即可完成密码的创建。要删除已创建的密码时，将新密码设置为空即可。

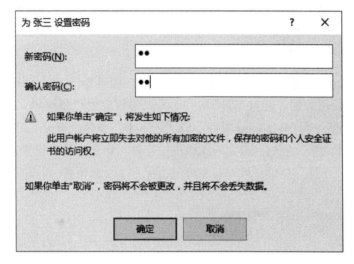

◀ 图 2-33
"设置密码"
对话框

（3）删除账户

要删除某个用户账户时，右击账户图标，在弹出的快捷菜单中选择"删除"命令，系统弹出提示信息，如图 3-34 所示，单击"是"按钮，即可将所选用户账号删除。

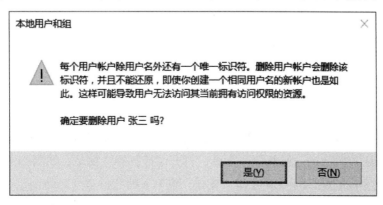

◀ 图 2-34
"本地用户和组"
对话框

核心技巧 1：设置回收站

回收站是系统在硬盘上分配的一段存储空间，用于临时保存用户不需要的文件，以免用户误操作删除了有用的文件（或文件夹）。Windows 为每个分区或硬盘都分配了一个回收

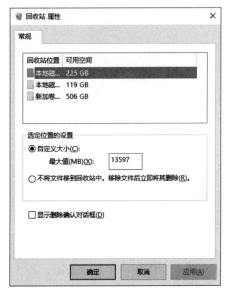

图 2-35 ◐
"回收站属性"对
话框

站。回收站是一个特殊的文件夹，默认存在于每个硬盘分区根目录下的 RECYCLER 文件夹中，而且是隐藏的。当用户将文件删除并移到回收站后，实质上就是把它放到了这个文件夹中，仍然占用磁盘的空间。只有在回收站里删除它或清空回收站才能将文件真正地删除。

如果需要增大回收站的最大存储空间，可以在桌面上右击"回收站"图标，从弹出的快捷菜单中选择"属性"命令，打开"回收站属性"对话框，在"常规"选项卡的"回收站位置"列表框中选择要更改的回收站位置，单击"自定义大小"单选按钮，在"最大值"后的文本框中输入最大存储空间，如图 2-35 所示。单击"确定"按钮即可完成回收站存储空间的设置。

核心技巧 2：使用常见的附件程序

（1）记事本

记事本是 Windows 10 在附件中提供的文本文件（扩展名为".txt"）编辑器，它运行速度快，占用空间小，使用方便，能被 Windows 10 的大部分应用程序调用，但它只能处理纯文本文件。选择"开始"→"Windows 附件"→"记事本"命令，打开"记事本"窗口，如图 2-36 所示。输入文本之后，通过"格式"菜单的"字体"命令，可以设置文本的字体、字号、字形等格式；通过"文件"菜单，可以对文件进行保存、页面设置、打印等操作。

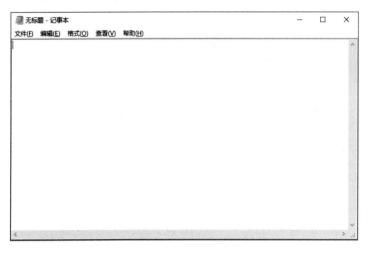

图 2-36 ◐
"记事本"窗口

（2）计算器

计算器是 Windows 10 附件中的另一个实用应用程序，有标准型和科学型两种。选择"开始"→"Windows 附件"→"计算器"命令，打开"计算器"窗口，如图 2-37 所示。计算器默认的显示方式为标准型计算器。选择"查看"菜单下的"科学型"命令，可以转换为科学

型计算器，如图 2-38 所示。在科学型计算机窗口中不仅可以进行算术和逻辑运算，还可以实现不同数制之间的转换。

◀图 2-37
"计算器"
标准型窗口

图 2-38 ▶
"计算器"科
学型窗口

（3）画图软件

画图是 Windows 10 附件中的一种位图程序，使用画图程序可以绘制简单图形，还可以对已有的图形文件进行简单的修改、添加文字说明等操作。选择"开始"→"Windows 附件"→"画图"命令，打开"画图"窗口，如图 2-39 所示。在"画图"窗口的"主页"选项卡中，有"剪贴板""图像""工具""形状""颜色"等多个功能组，可以实现对图像的编辑操作；在"画图"窗口的"查看"选项卡中，有"缩放""显示或隐藏""显示"三个功能组，用于实现图像的缩放、显示（或隐藏）标尺、显示（或隐藏）网格线、显示（或隐藏）状态栏等操作。

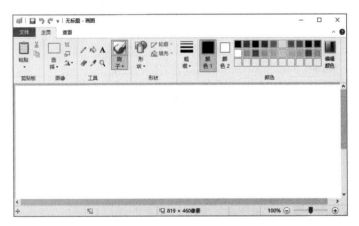

◀图 2-39
"画图"窗口

（4）截图工具软件

在计算机使用的过程中，时常会使用截图操作，按键盘上的 \<Print Screen SysRq\> 键可以完成整个屏幕的截图，按 \<Alt + Print Screen SysRq\> 组合键可以对当前活动窗口或对话框的界面截图。Windows 10 附件中的截图工具比较灵活，具有简单的图片编辑功能，方便对截取内容进行处理。选择"开始"→"Windows 附件"→"截图工具"命令，打开"截图工具"窗口，如图 2-40 所示。单击"新建"按钮，其下拉列表中列出了截图的选项，用户可以根据需要选择合适的选项。

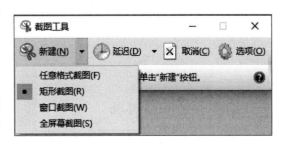

◀图 2-40
"截图工具"窗口

（5）系统工具

Windows 10 附件中的"系统工具"文件夹中包含"磁盘清理""磁盘碎片整理程序""系统还原"等程序，用于对系统进行维护，清理更多的磁盘空间，加快程序运行，保证系统处于最佳状态。

⚙ 磁盘清理：帮助释放硬盘空间。磁盘清理程序搜索用户指定的驱动器，列出临时文件、Internet 缓存文件和可以安全删除的不需要的程序文件。可以使用磁盘清理程序删除部分或全部文件。

⚙ 磁盘碎片整理程序：一种用于分析本地卷以及查找和修复碎片文件和文件夹的系统实用程序。选择"开始"→"Windows 管理工具"→"碎片整理和优化驱动器"命令，打开"优化驱动器"窗口，如图 2-41 所示。选择需要整理的磁盘驱动器，单击"分析磁盘"按钮，分析完毕后，单击"磁盘碎片整理"按钮，即可利用此程序对计算机磁盘上的碎片文件进行合并。

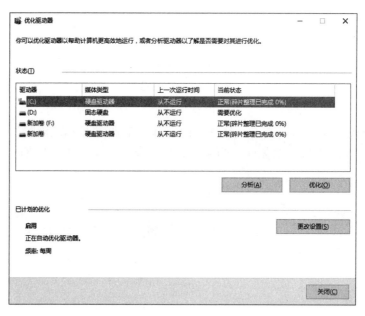

图 2-41 ◑
"优化驱动器"
窗口

○┤**真题训练**├────────────────────────────────

训练名称：操作题

打开素材中的"操作题二"文件夹，并进行如下的操作：

（1）将"COFF\JIN"文件夹中的文件"MONEY.TXT"设置成隐藏和只读属性。

（2）将"DOSION"文件夹中的文件"HDLS.SEL"复制到同一文件夹中，将文件命名为"AEUT.SEL"。

（3）在"SORRY"文件夹中新建一个文件夹"WINBJ"。

（4）将"WORD2"文件夹中的文件"A-EXCEL.MAP"删除。

（5）将"STORY"文件夹中的文件夹"ENGLISH"重命名为"CHUN"。

○┤**任务拓展**├────────────────────────────────

任务名称：个性化个人电脑

结合所学知识对个人计算机工作环境进行个性化设置。

第 **3** 单元

Word 2016
文字处理软件

Microsoft Office 2016 是微软推出的办公软件，共有 6 个版本，分别是初级版、家庭及学生版、家庭及商业版、标准版、专业版和专业高级版。它除了能在 Windows 系列操作系统中应用外，还可以在搭载苹果 iOS 或 Android 移动操作系统的智能手机和平板电脑上应用，是世界上应用最广泛的办公软件。

[教学导航]

教学目标	（1）熟悉 Word 2016 的工作界面 （2）掌握 Word 2016 文档的新建与保存 （3）掌握 Word 2016 文本与段落的格式设置 （4）掌握 Word 2016 中项目编号的设置 （5）掌握 Word 2016 中文本底纹的设置
本单元重点	（1）Word 2016 文档的新建与保存 （2）Word 2016 文本与段落的格式设置 （3）Word 2016 项目编号的设置 （4）Word 2016 中文本底纹的设置
本单元难点	（1）Word 2016 文本与段落的格式设置 （2）Word 2016 项目编号的设置
教学方法	任务驱动法、演示操作法
建议课时	4 课时

[任务描述]

　　为迎接 2020 年的企业内审工作，通达公司董事会决定对各部门的经理助理进行内审员培训，需要制作一则培训会议通知，通知内容包括培训时间、培训地点、培训主题、参加培训人员、培训说明等内容。

[任务分析]

　　本任务涉及以下知识点：文档新建、文本格式化、项目编号、段落设置、文本底纹设置。

[任务实施]

任务 1-1：设置标题格式

　　选择菜单"开始"→"Word 2016"命令，启动 Word，创建一个空白的 Word 文档，如图 3-1 所示。

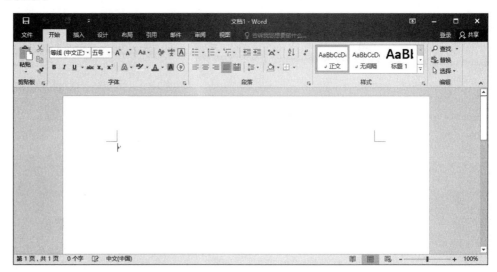

图 3-1 ❯
新建 Word 文档

切换输入法，在文档中输入以下文字内容，如图 3-2 所示。

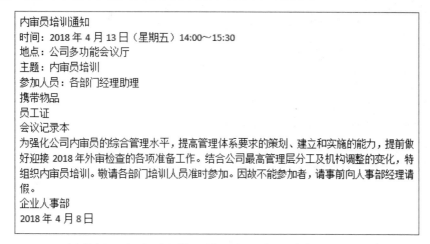

内审员培训通知
时间：2018 年 4 月 13 日（星期五）14:00～15:30
地点：公司多功能会议厅
主题：内审员培训
参加人员：各部门经理助理
携带物品
员工证
会议记录本
为强化公司内审员的综合管理水平，提高管理体系要求的策划、建立和实施的能力，提前做好迎接 2018 年外审检查的各项准备工作。结合公司最高管理层分工及机构调整的变化，特组织内审员培训。敬请各部门培训人员准时参加。因故不能参加者，请事前向人事部经理请假。
企业人事部
2018 年 4 月 8 日

◀ 图 3-2
输入通知内容

按 <Ctrl+Home> 键将插入点移到文档开始，在选中区单击鼠标左键选择标题行文字，切换到"开始"选项卡，单击"字体"组中的"字体"下拉按钮，从下拉列表框中选择"微软雅黑"选项；单击"字号"下拉按钮，从下拉列表框中选择"三号"选项；单击"加粗"按钮，使标题突出显示。

使标题段文字处于选中的状态，单击"字体"组右下角的对话框启动器按钮，打开"字体"对话框，切换到"高级"选项卡，单击"字符间距"组"间距"右侧的下拉按钮，从下拉列表中选择"加宽"选项，并设置其后的"磅值"为"1.5 磅"，如图 3-3 所示。设置完成后单击"确定"按钮返回文档中。

使标题段文字处于选中的状态，单击"开始"选项卡的"段落"组中的"居中"按钮，如图 3-4 所示，使标题文本居中。

◀ 图 3-3
设置字符间距

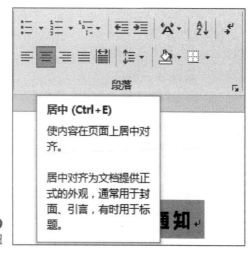

图 3-4 ▶
"居中"按钮

使标题段文字依然处于选中的状态，切换到"开始"选项卡，单击"字体"组"下画线"按钮右侧的下拉按钮，从下拉列表中选择"双下画线"选项，如图 3-5 所示，为标题段文字添加下画线。

图 3-5 ▶
设置下画线

单击"段落"组中的"底纹"按钮,从下拉列表中选择"绿色,个性 6,淡色 40%"选项,如图 3-6 所示,为标题段文字添加底纹。

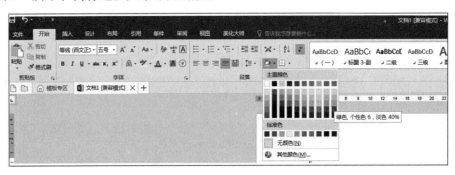

图 3-6 ▶
设置底纹

任务 1-2:设置正文与段落格式

选中除标题外的正文文本,切换到"开始"选项卡,单击"字体"组中的"字体"下拉按钮,从下拉列表框中选择"楷体"选项;单击"字号"下拉按钮,从下拉列表框中选择"四号"选项。

将插入点定位于"企业人事部"之前,按两次 <Enter> 键,使发通知部门与正文有一定的间隔。选择发通知部门(企业人事部)和通知时间(2018 年 4 月 8 日)两行文字,单击"段落"组中的"右对齐"按钮,使文本右对齐,如图 3-7 所示。

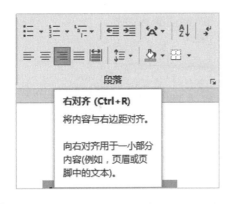

选中标题段文字,单击"开始"选项卡的"段落"组右下角的对话框启动器按钮,打开"段落"对话框,单击"行距"下方的下拉按钮,并从下拉列表中选择"1.5 倍行距"选项,单击"间距"组"段后"的微调框,设置其值为"1 行",如图 3-8 所示。单击"确定"按钮,完成标题段文字与正文文本的距离的设置。

图 3-7 ▶
设置右对齐

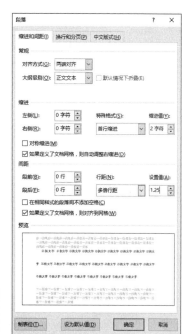

图 3-8
设置标题
段落格式

图 3-9
设置正文
段落格式

　　选择正文文本，打开"段落"对话框。单击"缩进"组中"特殊格式"的下拉按钮，从下拉列表中选择"首行缩进"选项，设置其后的"磅值"为"2 字符"；单击"行距"的下拉按钮，从下拉列表中选择"多倍行距"选项，并设置行距值为"1.25"，如图 3-9 所示。单击"确定"按钮，返回文档中，完成正文段落的格式设置。

　　为调整通知中说明性文字和条目性文字的距离，将插入点定位于说明性文字"为强化公司内审员的综合管理水平"之前，打开段落对话框，在"间距"组中设置其"段前"值为"0.5 行"。

任务 1-3：添加项目符号和编号

　　选择"时间、地点、主题、参加人员、携带物品"所在的条目行，单击"段落"组中"项目符号"的箭头按钮，从下拉列表中选择如图 3-10 所示的项目符号。

图 3-10
设置项目符号

图 3-11
设置编号

选择"员工证"和"会议记录本"两行文字，单击"段落"组中"编号"的箭头按钮，从下拉列表中选择如图 3-11 所示的项目编号。

项目编号添加完成后，切换到"文件"选项卡，选择"保存"命令，打开"另存为"对话框，在对话框中设置文档的保存路径，在"文件名"后的文本框中输入文档的名称"内审员培训通知"，单击"保存"按钮，即可完成文档的保存，如图 3-12 所示。

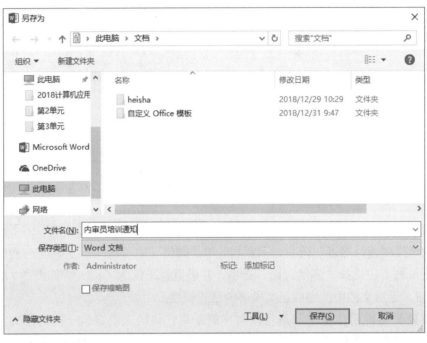

图 3-12 ●
"另存为"对话框

至此，培训会议通知制作完毕。

需要打印文档时，切换到"文件"选项卡，选择"打印"命令，此时可以看到文档的预览效果，如图 3-13 所示。检查打印机、打印件数、打印范围无误之后，单击"打印"按钮，即可实现文档的打印。

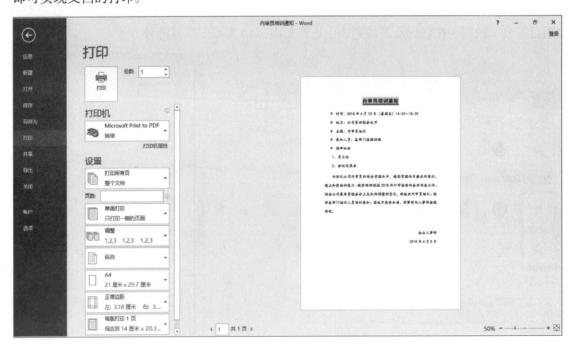

图 3-13 ●
文档打印设置

核心知识 1：熟悉 Word 2016 的工作界面

Word 2016 的工作界面十分便捷与人性化，由标题栏、功能区、编辑区、窗格、状态栏等部分组成。

⚙ 标题栏由快速访问工具栏、文档名称和窗口控制按钮组成，如图 3-14 所示。

快速访问按钮   文档名称   窗口控制按钮

◀ 图 3-14
标题栏

⚙ 选项卡和功能区：功能区用于放置常用的功能按钮和下拉列表等调整工具，其中包含多个选项卡，如图 3-15 所示。单击功能区某个功能组右下角的"对话框启动器按钮"，即可打开相应的对话框或窗格。

选项卡   功能区   对话框启动器按钮

◀ 图 3-15
选项卡和功能区

⚙ 编辑区：Word 窗口的主体部分，用于显示文档的内容供用户编辑。

⚙ 状态栏：位于主窗口的底部用于显示文档的状态信息，包括字数统计、改写状态、视图按钮、显示比例控件等。

核心知识 2：新建保存文档

新建文档：可以通过 <Ctrl+N> 组合键或执行"文件"→"新建"命令创建新的空白文档，如图 3-16 所示。Word 中默认创建新文档的文件名为"文档1""文档2"等，若要改变文档的名字需要对文档进行"另存为"操作。

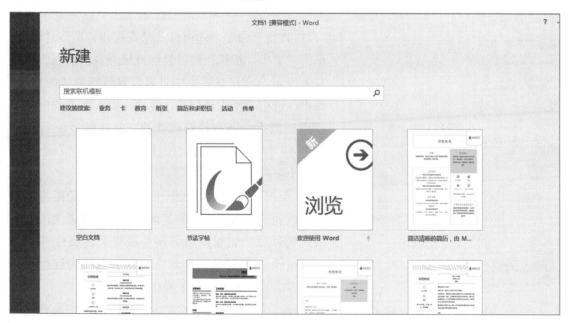

◀ 图 3-16
新建文档

Word 中提供了很多模板，用户也可以根据需要利用相应的模板进行文档的新建。

保存文档：执行"文件"→"保存"命令或单击快速访问工具栏中的"保存"按钮或按 <Ctrl+S> 组合健或按 <Shift+F12> 组合键都可以进行文档的保存。Word 2016 保存文档时，文档将以".docx"为默认扩展名进行保存。

核心知识 3：Word 提供的视图模式

Word 提供了多种工作环境，称为视图。单击状态栏中的"视图"按钮或通过"视图"选项卡"文档视图"功能组中的按钮也可以启用相应的视图。如图 3-17 所示。

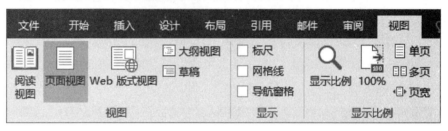

图 3-17 ▶
"文档视图"
功能组

页面视图是 Word 默认的视图模式，用于显示页面的布局和大小，便于用户进行编辑和格式设置，达到"所见即所得"的效果。

阅读版式视图是阅读长文档的理想方式，此视图下允许用户在同一个窗口中单页或双页显示文档，此时用户可以通过键盘的上、下、左、右键来切换页面。

Web 版式视图是显示文档在 Web 浏览器中的状态。此时文档将显示为一个不带分页符的长文档，文本和表格将自动换行以适应窗口的大小。

大纲视图在整理较长的文档时可以显示各级标题，通过大纲视图模式用户可以方便快速地跳转到所需的章节。在大纲视图中无法显示页边距、页眉页脚、图片、背景等对象。

草稿视图中仅显示文档的标题和正文，是最节省计算机资源的视图方式。

核心知识 4：查找和替换

切换到"开始"选项卡，单击"编辑"组中的"查找"箭头按钮，从下拉列表中选择"高级查找"命令，即可打开"查找和替换"对话框，单击"更多"按钮，即可显示高级查找对话框，如图 3-18 所示。在此对话框中可以设置特殊格式的查找，其中，选中"使用通配符"复选框可以在查找内容中使用通配符，以实现模糊查找。常用的通配符包括"*"和"?"，"*"表示任意多个字符，"?"表示任意一个字符。

图 3-18 ▶
高级查找对话框

"查找和替换"对话框中的替换功能是指将文档中查找到的文本用指定的其他文本替代或者实现文本格式的修改。如要利用替换功能将素材文件夹中的"Word1"文档中的"地球"一词颜色改为红色，并添加着重号，可进行如下操作。

打开"Word1"文档，按 <Ctrl+H> 组合键，打开"查找和替换"对话框。切换到"替换"选项卡，在"查找内容"的文本框中输入"地球"，在"替换为"的文本框中输入"地球"，将光标定位于"替换为"文本框中，单击"更多"按钮，从"格式"按钮的下拉列表中选择"字体"命令，打开"字体"对话框，在对话框中设置字体颜色为"红色"，并添加着重号，如图 3-19 所示。

单击"确定"按钮返回"查找和替换"对话框，如图 3-20 所示。此时，"替换为"的下方出现了刚才所设置的格式。单击"全部替换"按钮，即可将素材中"地球"一词的字体颜色统一改为红色，并添加了着重号。

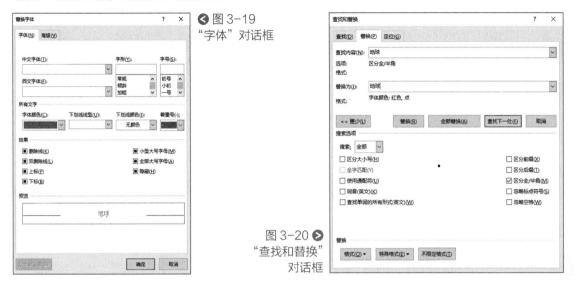

◀ 图 3-19
"字体"对话框

图 3-20 ▶
"查找和替换"
对话框

核心技巧 1：插入点的快速定位

插入点就是进行文档录入时光标闪烁的位置。利用键盘上的上、下、左、右键可以快速移动光标，另外一些组合键也可以进行插入点的快速定位，如表 3-1 所示。

表 3-1　插入点定位快捷键

键盘按键	作用	键盘按键	作用
Home	光标移到行首	End	光标移到行尾
Ctrl+Home	光标移到文档起始处	Ctrl+End	光标移动文档末尾处
PgUp	向上滚一屏	PgDn	向下滚一屏
Ctrl+ ↑	光标移至上一段段首	Ctrl+ ↓	光标移至下段段首
Ctrl+ ←	光标向左移一个字符	Ctrl+ →	光标向右移一个字符

如需定位到特定的位置，可以单击"开始"选项卡"编辑"组中的"替换"按钮，打开"查找和替换"对话框，切换到"定位"选项卡，在"定位目标"列表框中选择定位的位置类型，在"输入页号"的文本框中输入具体的数值，单击"下一处"按钮即可完成定位，如图3-21 所示。

◀ 图 3-21
"查找和替换"
对话框"定位"
选项卡

核心技巧2：文本的选择

在 Word 2016 中，对文本进行移动、复制、格式设置操作之前必须先选中相应的文本。选取文本时可以利用鼠标进行拖动选择，也可以利用鼠标和键盘配合选取文本。

选中区是指正文文本左边的空白区域，当鼠标移到此区域时，鼠标指针会变成白色向右上的箭头，利用鼠标选取文本操作如表 3-2 所示。

表 3-2　鼠标选取文本

操作	选取效果	操作	选取效果
鼠标单击某行左侧选中区	选中一行文本	鼠标在左侧选中区拖动	选取多行
鼠标双击选中区	选取一个段落	鼠标连续三击选中区	选取整个文档

在编辑文档过程中，难免会出现错误操作，此时可以利用 <Ctrl+Z> 组合键或单击快速访问工具栏中的"撤销"按钮返回上一步操作；若需要恢复操作可以利用 <Ctrl+Y> 组合键或单击快速访问工具栏中的"恢复"按钮来实现。

○【真题训练】

真题名称：文本格式设置

打开素材中的"Word2"文档，并进行如下操作。

（1）将文件中所有错词"隐士"替换为"饮食"。

（2）将标题段文字（"运动员的饮食"）设置为二号、黑体、居中，加粗，字符间距加宽"2磅"，文本效果设置为内置"渐变填充，紫色，强调文字颜色4，映像"样式，为文本添加黄色底纹和波浪线型的下画线。

（3）设置正文各段的中文为楷体，西文为 Arial 字体；设置各段落左右各缩进 1 字符、段前间距 0.5 行、1.25 倍行距。设置正文第一段（"运动员的…也不同。"）首行缩进 2 字符；为正文第二段至第四段添加"1）、2）、3）……"样式的编号，效果如图 3-22 所示。

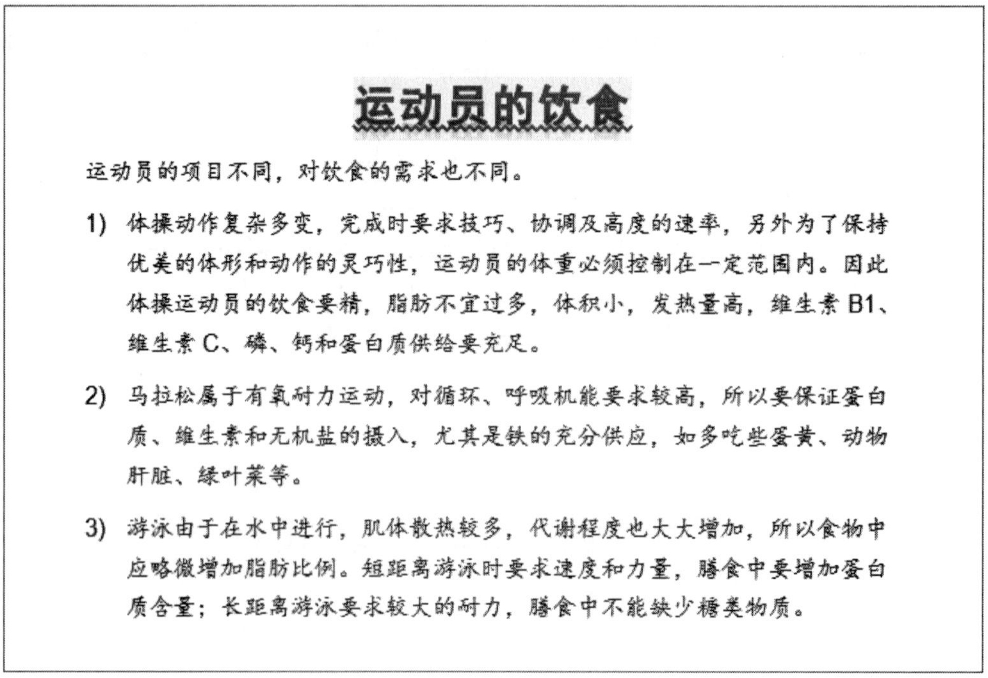

运动员的饮食

运动员的项目不同，对饮食的需求也不同。

1）　体操动作复杂多变，完成时要求技巧、协调及高度的速率，另外为了保持优美的体形和动作的灵巧性，运动员的体重必须控制在一定范围内。因此体操运动员的饮食要精，脂肪不宜过多，体积小，发热量高，维生素B1、维生素C、磷、钙和蛋白质供给要充足。

2）　马拉松属于有氧耐力运动，对循环、呼吸机能要求较高，所以要保证蛋白质、维生素和无机盐的摄入，尤其是铁的充分供应，如多吃些蛋黄、动物肝脏、绿叶菜等。

3）　游泳由于在水中进行，肌体散热较多，代谢程度也大大增加，所以食物中应略微增加脂肪比例。短距离游泳时要求速度和力量，膳食中要增加蛋白质含量；长距离游泳要求较大的耐力，膳食中不能缺少糖类物质。

图 3-22 ◐
真题训练效果图
（部分）

任务名称：制作庆典公告

祥宇商贸公司为举行周年庆活动需要制作一则庆典公告，具体要求如下：

（1）创建新的 Word 文档，并输入如图 3-23 所示的文字。

（2）根据图 3-23 所示效果，设置文本格式，标题段文字字体为"仿宋"，字号为"一号"，加粗，字体颜色为"蓝色"，文字居中，1.5 倍行距，段后间距 1.5 行，并有黄色底纹。

（3）正文文本字体为"楷体"，字号"小三"，1.5 倍行距，首行缩进"2 字符"。

（4）为文档中条目文字添加项目符号。

（5）在文档中添加剪贴画"鞭炮"，设置图片的"自动换行"效果为"浮于文字上方"，并调整图片的位置。

祥宇商贸公司周年庆公告

◇ 日期：2018 年 2 月 28 日（星期三）

◇ 时间：17:00～18:00

◇ 地点：公司大礼堂

◇ 参加人员：公司全体员工

值此公司成立一周年之际，为了感谢广大员工的辛勤劳动与付出，公司特举办周年庆活动，活动中设有互动答题环节，奖品丰厚。另外，会场还为每一位员工准备了可口的餐点和饮品，欢迎大家踊跃参加！

祥宇商贸公司人事部

2018 年 2 月 20 日

◀ 图 3-23
任务拓展效果图
（部分）

[教学导航]

教学目标	（1）掌握 Word 2016 表格的插入 （2）掌握 Word 2016 表格中文本的输入 （3）掌握 Word 2016 表格的美化 （4）掌握 Word 2016 表格数据的计算 （5）掌握 Word 2016 中文本与表格的转换
本单元重点	（1）Word 2016 表格的插入 （2）Word 2016 表格的美化 （3）Word 2016 表格数据的计算 （4）Word 2016 中文本与表格的转换
本单元难点	（1）Word 2016 表格的美化 （2）Word 2016 表格数据的计算
教学方法	任务驱动法、演示操作法
建议课时	4 课时

[任务描述]

　　七星书店为顺应时代发展、拓展新的网络售书业务，需要制作一份图书订购单，作为客户购买图书与公司发货的凭据，图书订购单需要包括订购人信息、收货人信息、订购图书信息、付款方式、注意事项等几部分内容。借助 Word 2016 提供的表格制作功能，营销部的小李很快完成了此任务。

[任务分析]

　　本任务涉及以下知识点：表格插入、表格中文本的输入、表格美化、表格数据计算。

[任务实施]

任务 2-1：创建表格雏形

　　创建表格前，最好先在纸上绘制出表格的草图，规划好行数和列数，以及表格的大概结构，再在 Word 文档中创建。由于表格较宽，首先需要进行页面设置。

　　启动 Word 2016 创建一个空白文档，切换到"布局"选项卡，单击"页面设置"组中的"对话框启动器"按钮，打开"页面设置"对话框。在"页边距"选项卡的"页边距"栏中，将"左""右"微调框的值均设置为"2.5 厘米"，如图 3-24 所示。单击"确定"按钮完成页面设置。

　　将光标定位于文档的首行，输入标题文字"七星书店图书订购单"，按 <Enter> 键将光标置于下一行。切换到"插入"选项卡，单击"表格"组中的"表格"按钮，从下拉菜单中选择"插入表格"命令，打开"插入表格"对话框。在"表格尺寸"栏中，将"列数""行数"微调框中分别设置为"4"和"21"，如图 3-25 所示。单击"确定"按钮完成表格插入。

◀ 图 3-24
"页面设置"
对话框

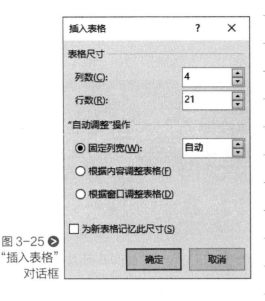

图 3-25 ▶
"插入表格"
对话框

按 <Ctrl+Home> 键将插入点移到文档开始，选中标题段文字，并设置其字体为"黑体"，字号为"二号"，加粗，居中。

将鼠标指针移至表格右下角的表格大小控制点上，按住左键向下拖动鼠标，增大表格的高度，拖动后效果如图 3-26 所示。

选择表格第 1 行的 4 个单元格，右击选定的单元格，从弹出的快捷菜单中选择"合并单元格"命令，将它们合并为一个单元格。

使用同样的方法，将第 2 行第 1 至 4 列合并单元格；将第 5 行第 1 至 4 列合并单元格；将第 7 行的第 2、3 列合并单元格；将第 8、9 行的第 1 列合并单元格；将第 8、9 行的第 2、3、4 列合并为一个单元格；将第 10 行的第 1 至 4 列合并单元格；将第 16 行的第 1 至 4 列合并单元格；将第 17 行的第 1 至 4 列合并单元格；将第 18 行的第 2、3、4 列合并单元格；将第 19 行的第 2、3、4 列合并单元格；将第 20 行的第 1 至 4 列合并单元格；将第 21 行的第 1 至 4 列合并单元格。合并后效果如图 3-27 所示。

◀ 图 3-26
调整表格高
度效果图

图 3-27 ▶
合并单元格
后效果图

由于表格第 11~15 行需要有 5 列单元格，需要将表格此区域进行拆分。操作方法如下：

选择第 11~15 行，切换到"表格工具｜布局"选项卡，单击"合并"组中的"拆分单元格"按钮，如图 3-28 所示。打开"拆分单元格"对话框，在对话框中输入列数与行数的值均为"5"，如图 3-29 所示。单元"确定"按钮完成单元格的拆分操作。

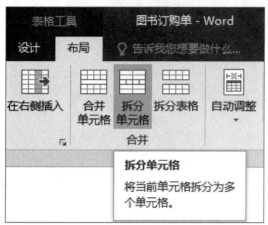

◀ 图 3-28
"拆分单元格"
按钮

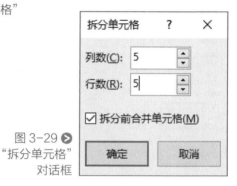

图 3-29 ▶
"拆分单元格"
对话框

图 3-30 ▶
设置行高

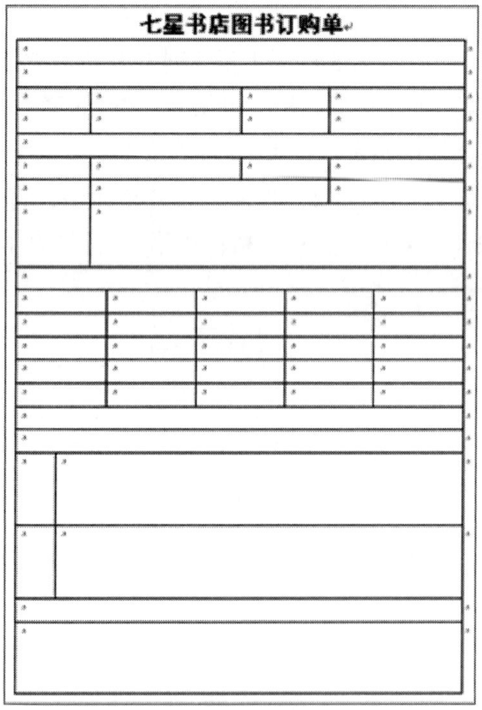

将鼠标指针移至表格第 3、4 行第 1 列单元格的右侧边框上，当指针变成"+|+"形状时，按住左键向左拖动鼠标，手动调整第 1 列的宽度。用同样的方法调整第 6~8 行第 1 列以及第 17、18 行第 1 列的宽度。

按住 <Ctrl> 键利用鼠标选择表格的第 1~7、9~16 和 19 行，切换到"表格工具｜布局"选项卡，在"单元格大小"组中设置"高度"微调框的值为"0.8 厘米"，如图 3-30 所示。用同样的方法设置表格第 8 行行高为"2.2 厘米"，第 17、18 行行高均为"2.54 厘米"。设置完成后效果如图 3-31 所示。

任务 2-2：输入订购单文本内容并调整格式

表格的雏形创建好以后，便可以在其中输入内容（如图 3-32 所示），然后对文字进行相关的设置。

将插入点置于表格第 7 行第 3 列的"邮政编码"之后。切换到"插入"选项卡，单击"符号"选项组中的"符号"按钮，从下拉菜单中选择"其他符号"命令。打开"符号"对话框，在"符号"

图 3-31 ▶
调整行高和列宽后
效果图

选项卡中，将"字体"下拉列表框设置为"（普通文本）"，将"子集"设置为"几何图形符号"，然后在列表框中选择"□"符号，如图 3-33 所示。单击"插入"按钮，将图形插入到文本之后。利用同样的方法再次插入 5 个"□"符号。

将插入点移至"有特殊送货要求时请说明"文字之前，再次打开"符号"对话框，选择

计算机应用基础任务式教程（Windows10+Office2016）

"★"符号将其插入到文本之前。

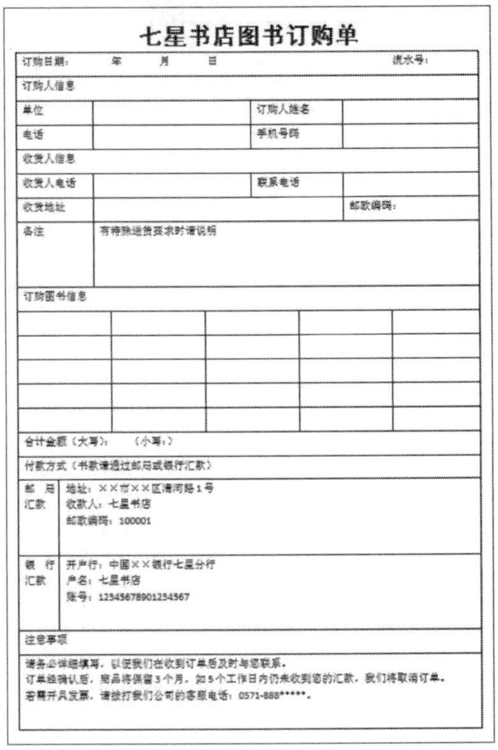

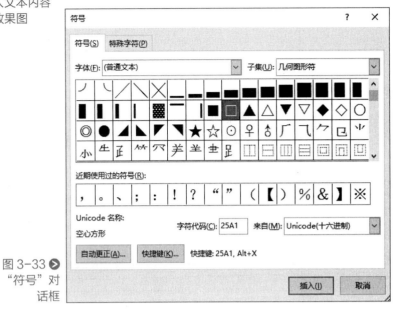

◀ 图 3-32
输入文本内容
后效果图

图 3-33 ▶
"符号"对
话框

特殊符号插入之后，选择"注意事项"下方单元格中的所有内容，为其添加如图 3-34 所示的项目符号。

> 注意事项
>
> ✓→ 请务必详细填写，以便我们在收到订单后及时与您联系。
> ✓→ 订单经确认后，商品将保留 3 个月，如 5 个工作日内仍未收到您的汇款，我们将取消订单。
> ✓→ 若需开具发票，请拨打我们公司的客服电话：0571-888*****。

◀ 图 3-34
添加项目符号
效果图

单击表格左上角的表格移动控制点符号"⊞"选中整个表格，右击选中的表格，从快捷菜单中选择"表格属性"命令，打开"表格属性"对话框。切换到"单元格"选项卡，在"垂直对齐方式"栏中选择"居中"选项，如图 3-35 所示，单击"确定"按钮，设置整个表格中的文字垂直居中。

选择"订购人信息""收货人信息""订购图书信息""付款方式""注意事项"5 个单元格，切换到"表格工具 | 布局"选项卡，单击"对齐方式"组中的"水平居中"按钮，如图 3-36 所示，设置表格内容水平居中。

◀ 图 3-35
"表格属性"
对话框

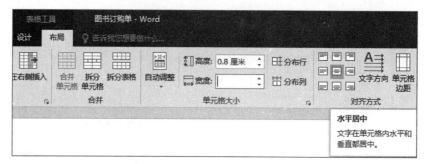

图 3-36 ◉
"水平居中"按钮

使用同样的方法将表格中"订购人信息""收货人信息"中的说明性文字设置水平居中，将"备注"单元格后的说明文字设置水平左对齐，将"邮局汇款""银行汇款"后的文字设置水平左对齐。设置对齐方式后的表格效果如图 3-37 所示。

七星书店图书订购单

订购日期：………年………月………日…………………………流水号：			
订购人信息			
单位		订购人姓名	
电话		手机号码	
收货人信息			
收货人电话		联系电话	
收货地址		邮政编码：□□□□□□	

备注	★有特殊送货要求时请说明。

订购图书信息

合计金额（大写）：　　　（小写）

付款方式（书款请通过邮局或银行汇款）

邮局汇款	地址：××市××区清河路1号 收款人：七星书店 邮政编码：100001
银行汇款	开户行：中国××银行七星分行 户名：七星书店 账号：12345678901234567

注意事项

请务必详细填写，以便我们在收到订单后及时与您联系。
订单经确认后，商品将保留 3 个月，如 5 个工作日内仍未收到您的汇款，我们将取消订单。
若需开具发票，请拨打我们公司的客服电话：0571-888×××××。

图 3-37 ◉
设置对齐方式后效
果图（部分）

选择"邮局汇款"和"银行汇款"两个单元格，切换到"布局"选项卡，单击"对齐方式"组中的"文字方向"按钮，使文字垂直显示。然后单击"对齐方式"组中的"中部居中"按钮，如图 3-38 所示。

使单元格依然处于选中的状态，切换到"开始"选项卡，单击"段落"组中的"分散对齐"按钮，如图 3-39 所示，使单元格内容实现分散对齐的效果。

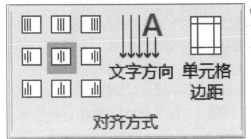

图 3-38
设置单元格垂
直对齐方式

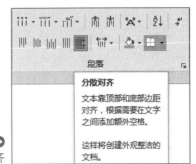

图 3-39
设置分散对齐

任务 2-3：美化订购单表格

表格的内容编辑完成后，需要对表格的边框和底纹进行设置，以达到美化表格的效果。

单击表格左上角的表格移动控制点符号"田"选中整个表格，切换到"表格工具 | 设计"选项卡，单击"表格样式"组中的"边框"按钮右侧的箭头按钮，从下拉列表中选择"边框和底纹"命令，如图 3-40 所示。打开"边框和底纹"对话框，选择"设置"栏中的"自定义"选项，在"样式"的列表框中找到"双画线"线型，在"预览"栏中设置表格的四个边框为双画线，如图 3-41 所示。单击"确定"按钮，完成整个表格的外侧边框线的设置。

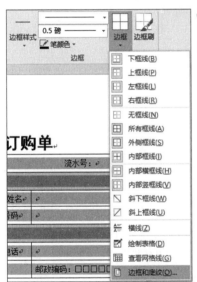

图 3-40
"边框和底纹"
命令

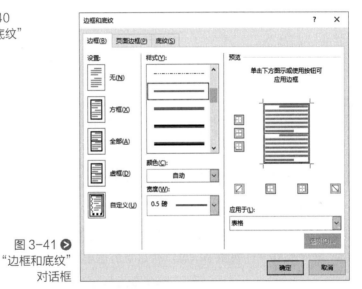

图 3-41
"边框和底纹"
对话框

选择"订购人信息"栏的全部单元格，切换到"表格工具 | 设计"选项卡，单击"绘图边框"组中的"线型"下拉列表框，选择其中的"双画线"选项。单击"表格样式"组中的"边框"按钮右侧的箭头按钮，从下拉菜单中选择"下框线"命令，将此栏目的下边框设置成双画线，以便与其他栏目分隔开。下框线设置完成的效果如图 3-42 所示。

订购日期：___年___月___日		流水号：
订购人信息		
单位		订购人姓名	
电话		手机号码	
收货人信息		
收货人电话		联系电话	
收货地址		邮政编码：□□□□□□

图 3-42
设置栏目内下框线
后效果图（部分）

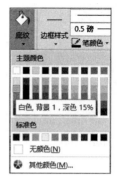

图 3-43 ➤
设置底纹

用同样的方法，为表格中的其他栏目设置"双画线"型的下框线。

表格边框设置完成后，为提醒填表人注意，可为表格各栏目的单元格设置底纹。按住 <Ctrl> 键，依次选择"订购人信息""收货人信息""订购图书信息""付款方式""注意事项"5 个单元格，切换到"表格工具 | 设计"选项卡，单击"表格样式"组中"底纹"按钮右侧的箭头按钮，从下拉列表中选择颜色"白色，背景 1，深色 15%"，如图 3-43 所示，为选中单元格填充底色。

选择"注意事项"下方的单元格，打开"边框和底纹"对话框。切换到"底纹"选项卡，在"样式"下拉列表框中选择"浅色上斜线"选项，在"颜色"的下拉列表中选择"绿色"选项，如图 3-44 所示。单击"确定"按钮，完成对表格底色的填充。

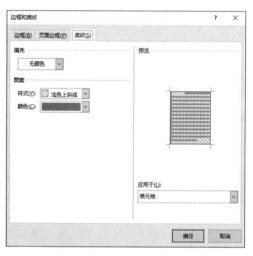

图 3-44 ➤
设置底纹样式

至此，一份空白的图书订购单表格绘制与美化工作就完成了。

任务 2-4：计算订购单表格数据

网络售书业务开展以后，某公司向七星书店订购了一批图书，将订购图书信息录入订购单之后，利用 Word 提供的公式进行计算，得到单笔图书的金额以及所有订购图书的总金额。

在"订购图书信息"栏目下方的单元格中输入如图 3-45 所示的图书信息。

订购图书信息				
图书编号	图书名称	单价（元）	数量	金额
Z005	四大名著（套装）	110.6	20	
D002	大话数据结构	46.6	20	
G001	国家行动	33.8	50	
Q017	钱商	43.4	40	
合计金额（大写）：···（小写：）				

图 3-45 ➤
输入图书信息后的
效果图

图 3-46 ➤
"公式"对话框

将插入点定位于"金额"下方的单元格中，切换到"表格工具 | 布局"选项卡，单击"数据"组中的"公式"按钮，打开"公式"对话框。删除"公式"文本框中的"SUM（LEFT）"等字符（注意：等号不能删除），然后在光标处输入"PRODUCT（LEFT）"，表示自动将左边的数值进行乘积操作，将"数字格式"下拉列表框设置为"￥#,##0.00;（￥#,##0.00）"，如图 3-46 所示，单击"确

定"按钮，完成图书"四大名著（套装）"金额的计算。

用同样的方法，为其他图书分别求出订购金额。

插入点定位于"合计金额：（小写："之后，打开"公式"对话框，使用"公式"文本框中的默认公式" =SUM（ABOVE）"，将"数字格式"下拉列表框设置为"¥#,##0.00;（¥#,##0.00）"，单击"确定"按钮，计算出该订购单的总金额，在"（大写）："之后输入总金额的大写。表格中数据计算之后的效果如图 3-47 所示。

订购图书信息				
图书编号	图书名称	单价（元）	数量	金额
Z005	四大名著（套装）	110.6	20	¥2,212.00
D002	大话数据结构	46.6	20	¥932.00
G001	国家行动	33.8	50	¥1,690.00
Q017	钱商	43.4	40	¥1,736.00
合计金额（大写）：陆仟伍佰柒拾圆整（小写：¥6,570.00）				

◀ 图 3-47
表格数据计算完成后的效果图

单击"保存"按钮，保存文件，完成实例制作，效果如图 3-48 所示。

七星书店图书订购单

订购日期：	年 月 日		流水号：	
订购人信息				
单位		订购人姓名		
电话		手机号码		
收货人信息				
收货人电话		联系电话		
收货地址		邮政编码：□□□□□□		
备注	★有特殊送货要求时请说明			

订购图书信息				
图书编号	图书名称	单价（元）	数量	金额
Z005	四大名著（套装）	110.6	20	¥2,212.00
D002	大话数据结构	46.6	20	¥932.00
G001	国家行动	33.8	50	¥1,690.00
Q017	钱商	43.4	40	¥1,736.00
合计金额（大写）：陆仟伍佰柒拾圆整（小写：¥6,570.00）				

付款方式（书款请通过邮局或银行汇款）

邮局汇款
地址：××市××区清河路1号
收款人：七星书店
邮政编码：100001

银行汇款
开户行：中国××银行七星分行
户名：七星书店
账号：12345678901234567

注意事项
✓ 请务必详细填写，以便我们签收到订单后及时与您联系。
✓ 订单经确认后，商品将保留 3 个月，如 5 个工作日内仍未收到您的汇款，我们将取消该订单。
✓ 若需开具发票，请拨打我们公司的客服电话：0571-888******。

◀ 图 3-48
实例效果图

核心知识 1：编辑表格

表格的编辑操作依然遵循"先选中，后操作"的原则，表格的编辑操作包括表格中行、列、单元格的复制、移动、插入、删除等操作。

（1）复制或移动行或列

如果要复制或移动表格的一整行，需要先选定包括行结束符在内的一整行，然后按 <Ctrl+C> 或 <Ctrl+X> 组合键，将该行内容存放在剪贴板中，将插入点置于要插入行的第一个单元格中，然后按 <Ctrl+V> 组合键，复制或移动的行将被插入到当前行的上方，并且不替换其中的内容。

复制或移动一整列的操作方法与复制或移动一整行类似，请大家自行练习。

（2）插入行和列

需要在表格中插入行时可以右击需要插入行的单元格，从快捷菜单中选择"插入"命令的子命令；或者单击需要插入行的单元格，切换到"表格工具 | 布局"选项卡，在"行和列"组中单击"在上方插入"或"在下方插入"按钮，即在当前单元格的上方或下方插入一行。

向表格中插入列的操作方法与插入行的操作类似，请大家自行练习。

（3）插入与删除单元格、行和列

通过添加或删除单元格、行和列可很好地解决建表初期出现的单元格、行列数量不够用或有剩余的现象。用户可以根据需要，在表格中插入或删除单元格。

插入单元格时，用户需要在插入新单元格位置的左边或上边选定一个或几个单元格，其数目与要插入的单元格数目相同。选中单元格区域之后，切换到"表格工具 | 布局"选项卡，在"行和列"组中单击"对话框启动器"按钮，打开"插入单元格"对话框，如图 3-49 所示，选中"活动单元格右移"或"活动单元格下移"单选按钮后，单击"确定"按钮，即可完成单元格的插入操作。

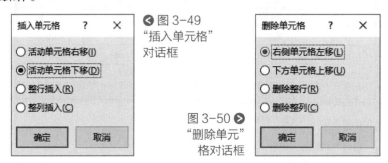

◀ 图 3-49
"插入单元格"
对话框

图 3-50 ▶
"删除单元"
格对话框

删除单元格时，右击选定的单元格，从快捷菜单中选择"删除单元格"命令（或者切换到"表格工具 | 布局"选项卡，在"行和列"选项组中单击"删除"按钮），打开"删除单元格"对话框，如图 3-50 所示。可根据需要选择"活动单元格左移"或"活动单元格上移"单选按钮，单击"确定"按钮，即可完成单元格的删除操作。

删除行和列时，可以右击选定的行或列，从快捷菜单中选择"删除行"或"删除列"命令；或者单击要删除行或列包含的一个单元格，切换到"表格工具 | 布局"选项卡，在"行

和列"组中单击"删除"按钮，从下拉菜单中选择"删除行"或"删除列"命令即可。

（4）合并与拆分单元格和表格

借助于合并和拆分功能，可以使表格变得不规则，以满足用户对复杂表格的设计需求。

合并单元格是指将矩形区域的多个单元格合并成一个较大的单元格，操作方法如下。

选中要合并的单元格区域，切换到"表格工具丨布局"选项卡，在"合并"组中单击"合并单元格"按钮，如图 3-51 所示。

也可以通过右击选定的单元格，从快捷菜单中选择"合并单元格"命令实现。

拆分单元格是指将一个单元格拆分为几个较小的单元格，操作方法如下：

选中要拆分的单元格，切换到"表格工具丨布局"选项卡，在"合并"组单击"拆分单元格"按钮，打开"拆分单元格"对话框，在其中输入要拆分的行数和列数，然后单击"确定"按钮，即可完成单元格的拆分。

◀ 图 3-51
"合并单元格"
按钮

Word 允许用户把一个表格拆分成两个或多个表格，然后在表格之间插入文本，操作方法如下：

将插入点移至拆分后要成为新表格第 1 行的任意单元格，切换到"表格工具丨布局"选项卡，在"合并"组中单击"拆分表格"按钮，即可将表格拆分。删除两个表格之间的换行符，即可将二者合并在一起。

核心知识 2：设置表格格式

表格制作完成以后，为了使表格更具专业性，还需要对表格的各种格式进行设置，包括设置单元格的对齐方式、设置行高和列宽、设置边框和底纹等操作。

（1）设置单元格对齐方式

单元格的对齐方式不但可以使文字水平对齐，而且还可以设置垂直方向的对齐效果。操作方法如下：选择需要设置的单元格，切换到"表格工具丨布局"选项卡，在"对齐方式"组中单击对齐按钮；或者右击选定的表格对象，从快捷菜单中执行"单元格对齐方式"命令的子命令，也可以设置单元格的对齐方式。

如果需要设置单元格中文字的方向，可以将插入点置于单元格中，或者选定要设置的多个单元格，切换到"表格工具丨布局"选项卡，在"对齐方式"组中单击"文字方向"按钮，即可实现文字方向的改变。

（2）设置行高和列宽

默认情况下，Word 2016 会根据表格中输入内容的多少自行调整每行的高度和每列的宽度，用户也可以根据需要进行调整。调整操作方法如下：

将鼠标指针移至两行（或两列）中间的垂直线上，当指针变成"↔"形状时，按住左键在垂直方向（或水平方向）上拖动，当出现的水平（或垂直）虚线到达新的位置后释放鼠标按键，行高（或列宽）随之发生改变。

当需要手动指定行高和列宽值时，可以选择要调整的行或列，切换到"表格工具丨布局"选项卡，在"单元格大小"组中设置"高度"和"宽度"微调框的值，如图 3-52 所示。

图 3-52 ➡
设置行高和列宽值

当需要将多行的行高或多列的列宽调整为相同时，可选定要调整的多行或多列，切换到"表格工具 | 布局"选项卡，在"单元格大小"组中单击"分布行"或"分布列"按钮。

（3）设置表格的边框和底纹

为了使表格形式不单一，可以为表格设置边框和底纹。

设置表格边框的操作方法如下：

选中整个表格，切换到"表格工具 | 设计"选项卡，在"表格样式"组中单击"边框"按钮右侧的箭头按钮，从下拉列表中选择"边框和底纹"命令，打开"边框和底纹"对话框。在"边框"选项卡中，对"设置""样式""颜色"和"宽度"等选项进行适当的设置后，单击"确定"按钮，即可实现表格边框的设置。

设置表格底纹的操作方法如下：

选中需要添加底纹的单元格，打开"边框和底纹"对话框。在"底纹"选项卡中，对"填充""样式""颜色"等选项进行适当的设置后，单击"确定"按钮，即可实现底纹的设置。

核心知识 3：处理表格数据

处理表格数据包括表格数据计算、表格数据排序等操作。

（1）表格数据计算

在 Word 2016 的表格中自带了对公式和常见函数的简单应用，对于函数的参数，除了使用实例中出现的 LEFT、AVOVE 之外，也可以利用以单元格名称引用的区域实现。

下面以如图 3-53 所示的学生成绩表为例介绍引用单元格区域作参数的使用方法。

图 3-53 ➡
学生成绩表

		列 标				
		A	B	C	D	E
行号	1	姓名	数学	英语	语文	平均分
	2	刘备	90	89	72	
	3	张飞	80	75	63	

说明：图中加粗的字符只是用来说明表格的行号和列标，并不出现在表格中，其中 A、B 等英文字母表示表格的列标，最左侧 1、3 等数字表示表格的行号，对单元格的命名就是以列标＋行号的组合进行命名。例如，"刘备"所处的单元格编号为"A2"。

从学生成绩表我们可以看到，现在需要对同学的成绩进行求平均分的计算，操作方法如下：

将光标置于单元格"E2"中，切换到"表格工具 | 布局"选项卡，在"数据"组中单击"公式"按钮，打开"公式"对话框，在"公式"文本框中自动填入了默认公式"=SUM（LEFT）"，表示对该行左侧 3 门课程求和，将"SUM（LEFT）"删除，并在"＝"后输入"AVERAGE（B2：D2）"，将"数字格式"下拉列表框设置为"0.00"，单击"确定"按钮，

即可求出姓名为"刘备"的平均分（保留了两位小数）。大家在输入公式的时候需要注意：公式中的字符需要在英文半角状态下输入，字母不分大小写并且公式前面的"="不能遗漏。

事实上，Word 是以域的形式将计算结果插入选中单元格的。如果所引用的单元格数据发生了更改，可以将光标置于计算结果的单元格中，然后按 <F9> 键对结果进行更新。

（2）表格数据排序

Word 提供对表格中的数据排序的功能，用户可以依据拼音、笔画、日期或数字等对表格内容以升序或降序进行排序，操作方法如下：

将插入点置于表格中，切换到"表格工具 | 布局"选项卡，在"数据"组中单击"排序"按钮，打开"排序"对话框，如图 3-54 所示。在"主要关键字"栏中选择排序首先依据的列，如姓名等；在右边的"类型"下拉列表框中选择数据的类型；选中"升序"或"降序"单选按钮，以表示按照该列的升序或降序排列，之后单击"确定"按钮，即可完成表格数据的排序。

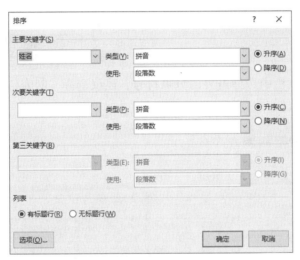

◀ 图 3-54
"排序"对话框

若排序的依据不止一列，则可以分别在"次要关键字"和"第三关键字"栏中选择排序的次要和第三依据的列名，例如，数学和英语。之后按照需要设置排序的类型和升降序方式即可。

另外，在"列表"栏中若选中"有标题行"单选按钮，可以防止对表格中的标题行进行排序。如果没有标题行，则选中"无标题行"单选按钮。

核心知识 4：文本与表格互换

对于有规律的文本内容，Word 可以将其转换为表格形式。同样，Word 也可以将表格转换成排列整齐的文档。

（1）文本转换成表格

选中要转换的文本，切换到"插入"选项卡，在"表格"组中单击"表格"按钮，从下拉菜单中选择"将文本转换为表格"命令，打开"将文字转换成表格"对话框，如图 3-55 所示。

设置"表格尺寸"栏中"列数"微调框中的数值；在"'自动调整'操作"栏中，选中"固定列宽"单选按钮；在

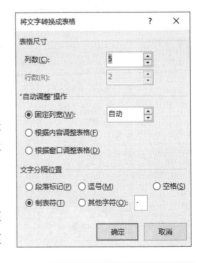

◀ 图 3-55
"将文字转换成表格"对话框

"文字分隔位置"栏中选择文字间的分隔形式。单击"确定"按钮，即将选中的文本转换成表格。

（2）将表格转换成文本

选中要转换的表格，切换到"表格工具 | 布局"选项卡，在"数据"组中单击"转换为文本"按钮，如图 3-56 所示。打开"表格转换成文本"对话框，如图 3-57 所示。

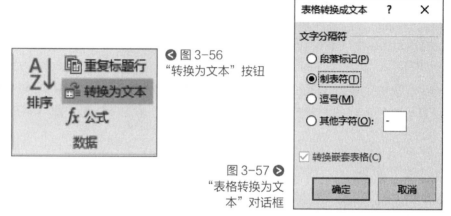

◀ 图 3-56
"转换为文本"按钮

图 3-57 ▶
"表格转换为文本"对话框

在"文字分隔符"栏中选择需要的分隔符号，建议选择"制表位"选项。单击"确定"按钮，将表格转换成文本。

核心技巧 1：选取表格对象

选取表格对象的操作如表 3-3 所示。

表 3-3　选取表格对象

选取对象		操作方法
单元格	一个单元格	将鼠标指针移至要选定单元格的左侧，当指针变成"➚"形状时，单击鼠标左键。或者将插入点置于单元格中，切换到"布局"选项卡，在"表"选项组中单击"选择"按钮，从下拉菜单中选择"选择单元格"命令。或者右击单元格，从快捷菜单中执行"选择"→"单元格"命令。后两种方法对选取单行、单列及整个表格也适用
	连续的单元格	选定连续区域左上角第一个单元格后，然后按住鼠标左键向右拖动，可以选定处于同一行的多个单元格；向下拖动，可以选定处于同一列的多个单元格；向右下角拖动，可以选定矩形单元格区域
	不连续的单元格	首先选中要选定的第一个矩形区域，然后按住 <Ctrl> 键，依次选定其他区域，最后松开 <Ctrl> 键
行	一行	将鼠标指针移至要选定行的左侧，当指针变成"⟋"形状时，单击鼠标左键
	连续的多行	将鼠标指针移至要选定首行的左侧，然后按住鼠标左键向下拖动，直至选中要选定的最后一行，最后松开按键
	不连续的行	选中要选定的首行，然后按住 <Ctrl> 键，依次选中其他待选定的行
列	一列	将鼠标指针移至要选定列的上方，当指针变成"⬇"形状时，单击左键
	连续的多列	将鼠标指针移至要选定首列的上方，然后按住鼠标左键向右拖动，直至选中要选定的最后一列，最后松开按键
	不连续的列	选中要选定的首列，然后按住 <Ctrl> 键，依次选中其他待选定的列

核心技巧 2：自动重复标题行

当表格过长时，表格内容会分在两页甚至多页中显示，然而从第 2 页开始表格就没有标题行了，可能导致查看表格中的数据时产生混淆。此时，可通过以下操作解决：

单击表格标题行的任意单元格，切换到"表格工具 | 布局"选项卡，在"数据"组中单击"重复标题行"按钮（如图 3-58 所示）。其他页中续表的首行就会重复表格标题行的内容。再次单击该按钮，可以取消重复标题行。

当表格大于一页时，默认状态下 Word 允许表格中的文字跨页拆分，这可能导致表格中同一行内容会被拆分到上下两个页面中。此时，可通过以下操作解决：

右击表格的任意单元格，从快捷菜单中选择"表格属性"命令，打开"表格属性"对话框。切换到"行"选项卡，在"选项"栏中撤选"允许跨页断行"复选框，如图 3-59 所示。单击"确定"按钮，完成设置。

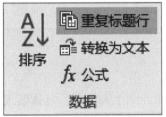

◀ 图 3-58
"重复标题行"
按钮

图 3-59 ▶
设置跨页断行

核心技巧 3：金额的小写转大写

当我们需要在文档中输入大写金额的时候，一般都用输入汉字的方法来实现，若金额较大数字较多时，会觉得很麻烦，此时可进行如下操作：

在文档中输入需要转换的金额，如"12345"。选中所输入数字，切换到"插入"选项卡，在"符号"组中单击"编号"按钮，打开"编号"对话框，在"编号类型"的下拉列表框中选择"壹，贰，叁…"选项，如图 3-60 所示。单击"确定"按钮，即可完成金额小写向大写的转换。

◀ 图 3-60
"编号"对话框

【真题训练】

真题名称：创建表格并设置格式

打开素材文件夹下的"WORD2.docx"文档，按照要求完成下列操作，并以文件名"WORD2.docx"保存文档，效果如图 3-61 所示。

（1）将文中后 5 行文字转换为 5 行 4 列的表格；设置表格居中，表格中所有内容水平居中；在表格下方添加一行，并在该行第一列中输入"平均工资"（保留两位小数），计算"基本工资""职务工资"和"岗位津贴"的平均值分别填入该行的第 2、3、4 列的单元格中；按"基本工资"列、依据"数字"类型升序排列表格前 5 行内容。

（2）设置表格各列列宽为 3 厘米，各行行高为 0.7 厘米，设置外框线为蓝色（标准色）0.75 磅双窄线，内框线为绿色（标准色）1 磅单实线；设置表格所有单元格的左、右边距为 0.25 厘米，表格第一行添加"橄榄色、强调文字颜色 3，淡色 60%"的主题色底纹。

宏达公司销售部人员工资表

职工姓名	基本工资	职务工资	岗位津贴
李四	2252	5454	3263
张三	3078	7022	4112
赵六	3623	7808	4709
王五	4625	8206	6208
平均工资	3394.50	7122.50	4573.00

图 3-61 ❯
真题训练效果图
（部分）

〇•【任务拓展】

任务名称：制作个人简历

大学生小王即将毕业，为了参加学校举行的招聘会，需要制作一个个人简历，具体要求如下：

（1）创建新的 Word 文档，在文档中创建效果如图 3-62 所示的表格并输入文字内容。

（2）根据图 3-62 所示效果，设置文本格式，标题段文字字体为"微软雅黑"，字号为"小一号"，加粗，字体颜色为"黑色"，文字居中；表格中文字字体为"宋体"，字号为"小四"。

（3）根据图 3-62 所示效果调整表格中单元格的对齐方式。

（4）为表格中的栏目型单元格添加"茶色，背景 2，深色 10%"的底纹，为"照片"所在单元格添加"蓝色""深色下斜线"图案底纹。

　计算机应用基础任务式教程（Windows10+Office2016）

个人简介

一、基本情况

姓 名		性 别		民 族		照片
籍 贯		出 生 日 期				
电 话		身 份 证 号				
联系地址						
电子邮箱						
户口所在地						

二、家庭成员情况

姓名	与本人关系	政治面貌	工作单位及职务

三、教育背景（从中学填写）

起始年月	学校	专业	备注

四、工作及学习经历

起始年月	工作单位	岗位	证明人及电话

◀ 图 3-62
任务拓展效果图

【教学导航】

教学目标	（1）掌握 Word 2016 艺术字的插入与格式设置 （2）掌握 Word 2016 图片的插入与格式设置 （3）掌握 Word 2016 文本框的插入与格式设置 （4）掌握 Word 2016 自选图形的绘制与格式设置
本单元重点	（1）Word 2016 艺术字的插入与格式设置 （2）Word 2016 图片的插入与格式设置 （3）Word 2016 文本框的插入与格式设置 （4）Word 2016 自选图形的绘制与格式设置
本单元难点	（1）Word 2016 文本框的插入与格式设置 （2）Word 2016 自选图形的绘制与格式设置
教学方法	任务驱动法、演示操作法
建议课时	4 课时

【任务描述】

七星书屋为迅速提升知名度、吸引更多的新客户，定于 5 月 1 日重装开业，开业之前的一项重要工作就是进行广告宣传，需要制作一个开业宣传海报。海报内容包括标题、正文、奖品图片、宣传语等部分。借助 Word 2016 提供的图文混排功能，营销部的小李出色地完成了此项任务。

【任务分析】

本任务涉及以下知识点：艺术字插入与格式设置、文本框的插入与格式设置、自选图形的绘制与格式设置。

【任务实施】

任务 3-1：设置海报标题

海报的标题部分包括书屋的名称、logo 图片和活动名称，为了吸引读者的注意，需要使用鲜亮的颜色。

启动 Word 2016 创建一个空白文档，切换到"插入"选项卡，单击"插图"组中的"图片"按钮，打开"插入图片"对话框，如图 3-63 所示。选择 logo 图片，单击"确定"按钮，将图片插入到文档中。

◀ 图 3-63
"插入图片"
对话框

使图片处于选中的状态，切换到"图片工具 | 格式"选项卡，单击"排列"组中的"自动换行"按钮，从下拉列表中选择"浮于文字上方"命令，如图 3-64 所示。接着，使用鼠标调整图片的大小和位置。

logo 图片设置完成后，需要将书屋的名称添加到图片的后面。切换到"插入"选项卡，单击"文本"组中的"文本框"按钮，从下拉列表中选择"绘制文本框"命令，如图 3-65 所示。将光标移到 logo 图片之后，按住鼠标左键不放，拖动鼠标绘制一个文本框，在文本框中输入"七星书屋"。

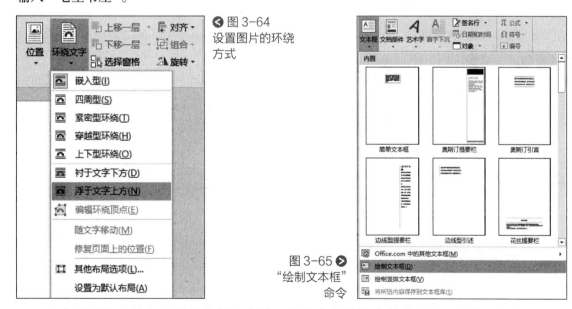

◀ 图 3-64
设置图片的环绕
方式

图 3-65 ◉
"绘制文本框"
命令

选中刚刚输入的文本并单击鼠标右键，从弹出的快捷菜单中选择"字体"命令，打开"字体"对话框，在"字体"选项卡中设置文本的字体为"微软雅黑"，字号为"小初"，字形为"加粗"，字体颜色为"红色"，如图 3-66 所示。在"高级"选项卡中设置"字符间距"栏中的间距为"加宽"，磅值为"8 磅"，如图 3-67 所示。

图 3-66
设置字体、
字号等

图 3-67 ▶
设置字符间距

文字设置完成后，选中文本框，切换到"绘图工具 | 格式"选项卡，单击"形状样式"组中的"形状轮廓"按钮，从下拉列表中选择"无轮廓"选项，如 3-68 所示，去除文本框的边框。

单击"艺术字样式"组中的"文本轮廓"按钮，从下拉列表中选择"白色，背景 1"选项，如图 3-69 所示。接着，单击"艺术字样式"组中的"文本效果"按钮，从下拉列表中选择"阴影""右下偏移"选项，效果如图 3-70 所示。

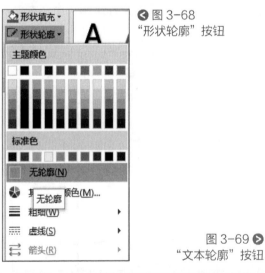

图 3-68
"形状轮廓"按钮

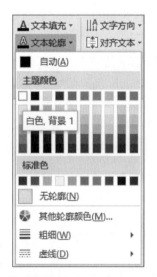

图 3-69 ▶
"文本轮廓"按钮

图 3-70 ▶
设置书屋 logo 与
名称后效果图

为了让活动名称更加醒目，可以利用艺术字实现。

切换到"插入"选项卡，在"文本"组中单击"艺术字"按钮，从"艺术字样式"的下拉列表框中选择"填充 - 红色，强调文字颜色 2，暖色粗糙棱台"选项，如图 3-71 所示。

调整艺术字文本框的位置到标题下方并在其中输入文本"重装盛大开业"。选中艺术字的文本，切换到"开始"选项卡，在"字体"组中设置其字体为"华文行楷"，字号为"66"。接着，切换到"绘图工具 | 格式"选项卡，单击"艺术字样式"组中的"文本填充"按钮，从下拉列表中选择"红色"，修改艺术字的颜色。单击"文本效果"按钮，从下拉列表中选择"映像"→"紧密映像，接触"选项，如图 3-72 所示。艺术字设置完成以后的效果如图 3-73 所示。

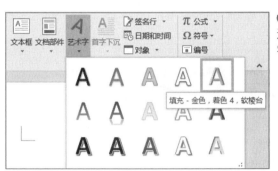

◀ 图 3-71
选择艺术
字样式

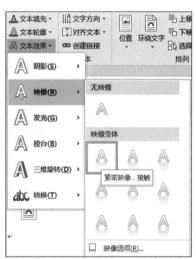

图 3-72 ▶
设置艺术字
文本效果

◀ 图 3-73
艺术字设置完成后
的效果图

任务 3-2：设置海报正文

海报正文是对本次活动的详细介绍，可以利用文本框实现。

切换到"插入"选项卡，单击"文本"组中的"文本框"按钮，从下拉列表中选择"绘制文本框"命令，将光标移到艺术字下方合适的位置，绘制一个文本框，在文本框中输入如图 3-74 所示的文字内容。

值此重装开业之际，本店特举行以下活动：
活动一：购书满 100 元免费办理会员卡一张
活动二：购书满 50 元赠送英语原声光盘一张
活动三：持会员卡购书加赠 100 积分
活动四：凡购书者均可参加抽奖活动，奖品多多！

图 3-74 ◐
海报内容文本

选中刚刚输入的文本内容，切换到"开始"选项卡，在"字体"组中设置文本字体为"楷体"，字号为"三号"。选中文本中"免费""赠送""加赠"和"抽奖"，将其字号设置为"小二"，字形为"加粗"，颜色设置为"红色"。

选中后四行文本，为其添加项目符号。

文字设置完成后，选中文本框，切换到"绘图工具 | 格式"选项卡，单击"形状样式"组中的"形状轮廓"按钮，从下拉列表中选择"无轮廓"选项。设置完成后，适当调整文本框的大小和位置，如图 3-75 所示。

重装盛大开业

值此重装开业之际，本店特举行以下活动：
● 活动一：购书满 100 元免费办理会员卡一张
● 活动二：购书满 50 元赠送英语原声光盘一张
● 活动三：持会员卡购书加赠 100 积分
● 活动四：凡购书者均可参加抽奖活动，奖品多多！

图 3-75 ◐
文本框设置完成后
的效果图

任务 3-3：设计奖品图片

为了提高购书者参与的兴趣，在海报中添加奖品的图片会给人更加直观的感受。

切换到"插入"选项卡，单击"插图"组中的"图片"按钮，打开"插入图片"对话框，如图 3-63 所示。选择图片素材"牙膏"，单击"确定"按钮，将图片插入到文档中。

使图片处于选中的状态，切换到"图片工具 | 格式"选项卡，单击"排列"组中的"环绕文字"按钮，从下拉列表中选择"浮于文字上方"命令，如图 3-64 所示。在"大小"组中，设置"高度"和"宽度"的值来改变图片的大小，如图 3-76 所示。

用同样的方法设置奖品图片"护手霜"和"洗发水"为"浮于文字上方"，更改图片的大小，并调整其位置，如图 3-77 所示。

◐ 图 3-76
更改图片的
高度和宽度

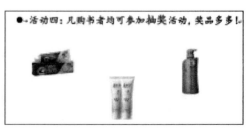

图 3-77 ◐
设置图片位置
后的效果图

图片添加完成后，在"牙膏"图片的下方插入一个文本框并输入文字"牙膏"，然后调整文本框的位置，设置其"形状轮廓"为"无轮廓"。用同样的方法在另外两个图片上方或下方添加说明文字，设置文本框属性，完成的效果如图 3-78 所示。

为了在海报中显示出抽奖奖品与海报正文为一个整体，可以将两部分放到一个矩形框中。此时可以利用形状操作。

切换到"插入"选项卡，单击"形状"按钮，并从下拉列表中选择"矩形"。将光标移到文档中，按住鼠标左键向右下拖动绘制一个矩形，使其刚好遮住海报正文和奖品图片。

使矩形处于选中的状态，切换到"绘图工具 | 格式"选项卡，单击"形状样式"组中的"形状填充"按钮，从下拉列表中选择"无填充颜色"选项，使矩形框透明。单击"形状轮廓"按钮，从下拉列表中选择颜色为"深蓝"，从"虚线"的级联菜单中选择"短画线"线型，从"粗细"的级联菜单中选择"2.25 磅"选项。设置完成后的效果如图 3-79 所示。

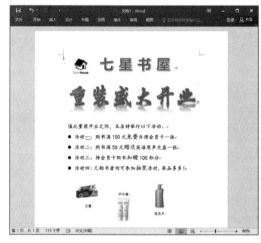

◀ 图 3-78
设置奖品说明
文字后的效果
图（部分）

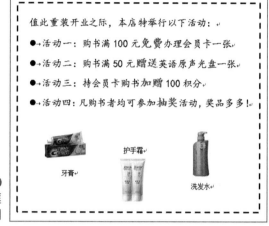

图 3-79 ▶
添加矩形框
后的效果图

任务 3-4：设置海报活动时间和宣传标语

宣传海报的正文设置完成后，还需要在海报中添加活动时间和地点等信息，提醒广大消费者注意。

切换到"插入"选项卡，单击"插图"组中的"图片"按钮，打开"插入图片"对话框。选择图片素材"图书"，单击"确定"按钮，将图片插入到文档中。设置图片为"浮于文字上方"，更改图片的大小，并调整其位置到矩形框的左下方。

在"图书"图片后添加一个文本框，在其中输入活动时间、活动地点等信息。设置文本框中字体为"微软雅黑"，字号为"小四"，字体颜色为"蓝色"，并将具体的活动时间"5 月 1 日至 5 月 20 日"加粗。文本框边框设置为"无轮廓"。设置完成后的效果如图 3-80 所示。

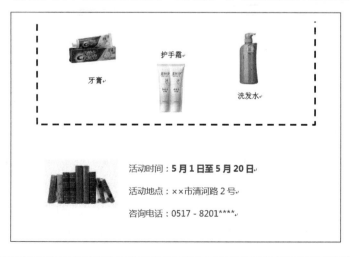

◀ 图 3-80
活动时间、地点设
置完成后的效果图

为了凸显书店会员的优越性，可以在宣传海报的右侧添加宣传标语。

切换到"插入"选项卡，单击"文本"组中的"文本框"按钮，从下拉列表中选择"绘制竖排文本框"命令。将光标移至矩形框的右侧，按住鼠标左键从上向下拖动，绘制一个竖排文本框，在文本框中输入文字"会员日购书更优惠"。

选中刚刚输入的文本内容，切换到"开始"选项卡，在"字体"组中设置文本的字体为"黑体"，字号为"小初"，字体颜色为"红色"；在"段落"组中单击"分散对齐"按钮，使文本框内的文字更加整齐美观。

文本设置完成后，选中竖排文本框，切换到"绘图工具|格式"选项卡，在"形状样式"组中单击"形状轮廓"按钮，并从下拉列表中选择"无轮廓"选项，取消文本框的边框。

单击"保存"按钮，保存整个文档，将其命名为"开业宣传海报"。至此，开业宣传海报制作完毕，效果如图 3-81 所示。

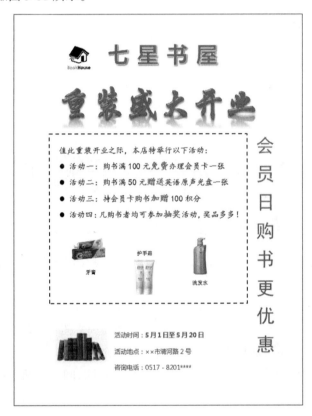

◀ 图 3-81
开业宣传海报完成
后的效果图

核心知识
与技巧

核心知识 1：插入图片

在 Word 文档中，图片是不可缺少的，添加图片可以使文档版面更加美观、主题更加突出。Word 可以将计算机中已有的图形图像添加到文档中，其中包括 Word 自带的剪贴画。向文档中插入剪贴画的操作方法如下：

将插入点定位于需要插入图片的位置，切换到"插入"选项卡，单击"插图"组中的"联机图片"按钮，选择"必应"图像搜索，在搜索框中键入搜索词查看来自必应的图像，选择所需图像，单击"插入"按钮，如图 3-82 所示，即可将其插入到文档中。

当需要向文档中插入计算机中保存的图片时，在"插图"组中单击"图片"按钮，从弹出的"插入图片"对话框中选择需要的图片，然后单击"插入"按钮，即可将计算机中的图片插入文档中。

图片插入文档之后，单击图片，图片周围将出现8个尺寸句柄，如果要横向或纵向缩放图片，可将鼠标指针移到图片四边的某个句柄上，按住鼠标左键，沿缩放方向拖动鼠标；如果要沿对角线缩放图片，可将指针移到图片四角的某个句柄上，按住鼠标左键，沿缩放方向拖动鼠标。用鼠标拖动图片上方的绿色旋转按钮，可以任意旋转图片。

如果需要精确设置图片的大小和角度，则可以右击图片，从弹出的快捷菜单中选择"大小和位置"命令，打开"布局"对话框，在"大小"选项卡中进行设置，如图 3-83 所示。

◀ 图 3-82
插入联机图片

图 3-83 ▶
"布局"对话框

当需要图片作为页面背景时，可切换到"设计"选项卡，单击"页面背景"组中的"页面颜色"按钮，从下拉列表中选择"填充效果"选项，如图 3-84 所示。打开"填充效果"对话框，切换到"图片"选项卡，单击"选择图片"按钮，在打开的"选择图片"对话框中找到需要设置为页面背景的图片，如图 3-85 所示。单击"确定"按钮，即可将图片设置为页面背景。

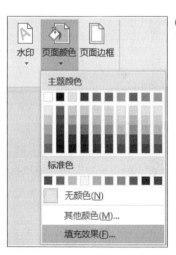

◀ 图 3-84
"填充效果"选项

图 3-85 ▶
"填充效果"对话框

核心知识 2：插入艺术字和 SmartArt 图形

在 Word 文档中，可以以图形对象的形式插入艺术字，利用艺术字来制作封面文字或标题文字。操作方法如下：

将光标定位于需要插入艺术字的位置，切换到"插入"选项卡，单击"文本"组中的"艺术字"按钮，从下拉列表中选择所需的艺术字样式即可插入艺术字的文本框。在文本框中输入相应的文字内容，就可以完成艺术字的插入。如需对艺术字进行格式设置，可切换到"绘图工具 | 格式"选项卡，通过"形状样式""艺术字样式"两个组中的功能按钮进行设置，如图 3-86 所示。

图 3-86 ❂
"形状样式""艺术字样式"组

SmartArt 图形主要用于演示流程、层次结构、循环和关系。插入 SmartArt 图形的操作方法如下：

切换到"插入"选项卡，在"插图"组中单击"SmartArt"按钮，打开"选择 SmartArt 图形"对话框，选择需要使用的图形，单击"确定"按钮即可完成 SmartArt 图形的插入，如图 3-87 所示。之后再向 SmartArt 图形中输入文字或插入图片。

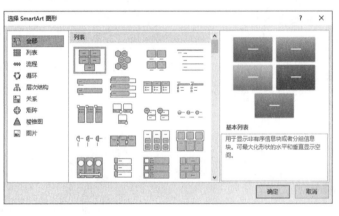

图 3-87 ❂
"选择 SmartArt 图形"对话框

核心知识 3：插入文本框

文本框是一种可以在 Word 文档中独立进行文字输入和编辑的图片框。在文档中插入文本框的操作方法如下：

切换到"插入"选项卡，单击"文本"组中的"文本框"按钮，从下拉列表中选择"绘制文本框"命令。之后将光标移动到文档中，在合适的位置按住鼠标左键进行拖动，绘制一个尺寸适当的横排文本框，并向其中输入文本内容。

当需要设置文本框格式时，可在文本框的边线上右击鼠标，从弹出的快捷菜单中选择"设置形状格式"命令，打开"设置形状格式"对话框，如图 3-88 所示。在此对话框中可以设置文本框的填充、线条颜色、线型等属性。

图 3-88 ❂
"设置形状格式"对话框

核心技巧 1：形状绘制技巧

Word 2016 中的形状包括线条、基本形状、箭头总汇、流程图、标注、星与旗帜几大类，用户可根据实际情况选择所需的形状进行绘制。形状绘制完成后，可利用其控制句柄进行形状的操作。形状控制句柄的含义如表 3-4 所示。

表 3-4　形状控制句柄的含义

控制句柄	含义
圆形空心句柄	当鼠标指针移至该句柄时，鼠标指针形状变成空心倾斜双向箭头，此时按住鼠标左键进行拖动，可等比例调整形状的高度和宽度
正方形空心句柄	当鼠标指针移至该句柄时，鼠标指针形状变成空心水平（或垂直）双向箭头，此时按住鼠标左键进行拖动，可在保持高度（或宽度）不变的情况下，调整形状的宽度（或高度）
绿色实心圆形句柄	当鼠标指针移至该句柄时，鼠标指针形状变成顺时针方向的黑色箭头实线，此时按住鼠标左键进行拖动，可调整形状的方向
黄色菱形句柄	当鼠标指针移至该句柄时，鼠标指针形状变成空心箭头，此时按住鼠标左键进行拖动，可调整图形的形状

需要在文档中绘制多个形状时，随着文档内容的增多，可能会出现形状位置错误的情况，为了避免此类情况的发生，可以在绘制形状前在文档中添加画布。画布的作用主要是定位图形、给出图形所占空间的边界、为图形添加画布背景等，可以为画布中的形状设置叠放次序、进行组合等操作。在"形状"的下拉列表中选择"新建绘图画布"选项，即可在文档中插入一块空白画布。

核心技巧 2：设置图形对象

设置图形对象包括选定图形对象、复制或移动图形对象、叠放或组合图形对象、设置图形对象的属性等操作。

（1）选定图形对象

图形对象的编辑也遵循"先选中，后操作"的原则。在对某个图形对象编辑之前，首先要选定该对象。

若要选定一个图形，用鼠标单击该图形即可。

若要选定多个图形，可先按住 <Ctrl> 键，然后用鼠标分别单击目标图形。

若被选定的图形比较集中，可利用鼠标进行圈选。

（2）复制或移动图形对象

选定图形对象后，将鼠标移至图形对象的边框上（注意不要放到控制句柄上），当鼠标指针变成四向箭头形状时，按住鼠标左键进行拖动即可实现图形对象的移动。若在拖动过程中按住 <Ctrl> 键，则可实现图形的复制。

（3）叠放或组合图形对象

当文档中有多个图形对象时，利用鼠标拖动的方法很难使图形对象排列整齐，此时可以利用 Word 提供的快速对齐图形工具。操作方法如下：

选中需要排列的多个图形对象，切换到"绘图工具Ⅰ格式"选项卡，单击"排列"组中的"对齐"按钮，从下拉列表中选择对齐所需的选项即可。

当某个图形对象被其他图形对象覆盖时，可以通过"排列"组中的"上移一层"或"下移一层"按钮，实现图形对象叠放次序的更改。

为了便于对多个图形的同步处理，可以将绘制好的多个图形组合成一个整体。操作方法如下：

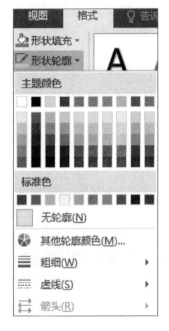

选中需要组合的图形对象，切换到"绘图工具Ⅰ格式"选项卡，单击"排列"组中的"组合"按钮，从下拉列表中选择"组合"选项。即可将多个对象组合为一个整体。

若要恢复图形对象组合前的状态，单击组合后的图形对象，再次单击"组合"按钮，从下拉列表中选择"取消组合"选项，即可取消图形对象的组合。

（4）设置图形对象属性

图形对象的属性包括图形对象的线型、边框颜色、填充颜色、形状效果等。

选中需要设置属性的图形对象，切换到"绘图工具Ⅰ格式"选项卡，可以通过"形状样式"组中的"形状轮廓"按钮设置边框的颜色、线型，如图 3-89 所示。通过"形状填充"按钮可以设置图形对象的填充颜色、填充样式。通过"形状效果"按钮可以设置图形对象的外观效果。

图 3-89 ◉
"形状轮廓"下拉列表

○─【真题训练】

真题名称：文本编辑与表格制作

对素材文件夹下"WORD.docx"文档中的文字进行编辑、排版和保存，具体要求如下：

1）在页面底端（页脚）居中位置插入形状为"带状物"的页码，起始页码设置为"4"。

2）将标题段文字（"深海通信技术"）设置为红色（标准色）、黑体、加粗，文字效果设为发光（红色、11pt 发光，强调文字颜色 2）。

3）设置正文前四段（"潜艇在深水中……对深潜潜艇发信。"）左右各缩进 1.5 字符，行距为固定值 18 磅，将该四段中所有中文字符设置为"宋体"，西文字符设置为"Arial"字体。

4）将文中后 13 行文字转换成一个 13 行 5 列的表格，并以"根据内容调整表格"选项自动调整表格，设置表格居中、表格所有文字水平居中。

5）设置表格所有框线为 1 磅蓝色（标准色）单实线，设置表格所有单元格上、下边距各为 0.1 厘米。效果如图 3-90 所示。

○─【任务拓展】

任务名称：制作产品特卖海报

七星书屋为配合开业宣传活动，部分图书进行特卖，需要制作一张产品特卖海报，具体要求如下：

1）创建新的 Word 文档，在文档中插入艺术字、文本框，输入文本内容，设置字体、字号。效果如图 3-91 所示。

2）插入图片和形状并调整其位置，根据图 3-91 所示效果设置其颜色、边框等属性。

◀ 图 3-90
真题训练效果图

深海通信技术

潜艇在深水中潜航时是不能用短波通信的，必须使用甚长波或超长波通信。

物理学告诉我们，电磁波在水中有着不同于空气中的传播特性。海水对电磁波能量的吸收作用很强，但对于不同波长的电磁波又有所不同。波长越短、频率越高，在海水中的衰减就越厉害。因此短波在水中的衰减是很快的，几乎无法穿过海水传播，而波长更长的长波、甚长波、超长波在海水中的衰减程度就要小得多，能够进入几十米至几百米的水中。

甚长波通信是波长 100km～10km（3KHz～30KHz）的无线电通信，又称甚低频通信。甚长波在海水中的传输衰减较小，入水深度可达 20m，主要用于对潜艇单向发信。

超长波通信是波长为 1000km～100km，频率为 0.3KHz～3KHz）的无线电通信，又称超低频通信。超长波在海水中的传输衰减很小，入水深度超过 100 米，超长波发信台可用于对深潜潜艇发信。

无线电频谱和波段划分

段号	频段名称	频段范围	波段名称	波长范围
1	极低频（ELF）	3～30 赫（Hz）	极长波	100～10 兆米
2	超低频（SLF）	30～300 赫（Hz）	超长波	10～1 兆米
3	特低频（ULF）	300～3000 赫（Hz）	特长波	100～10 万米
4	甚低频（VLF）	3～30 千赫（KHz）	甚长波	10～1 万米
5	低频（LF）	30～300 千赫（KHz）	长波	10～1 千米
6	中频（MF）	300～3000 千赫（KHz）	中波	10～1 百米
7	高频（HF）	3～30 兆赫（MHz）	短波	100～10 米
8	甚高频（VHF）	30～300 兆赫（MHz）	超短波	10～1 米
9	特高频（UHF）	300～3000 兆赫（MHz）	分米波	10～1 分米
10	超高频（SHF）	3～30 吉赫（GHz）	厘米波	10～1 厘米
11	极高频（EHF）	30～300 吉赫（GHz）	毫米波	10～1 毫米
12	至高频	300～3000 吉赫（GHz）	丝米波	10～1 丝米

4

计算机类图书大甩卖

➢ Office 系列　　9　折！

➢ 程序语言系列　8　折！

➢ 软考认证系列　7　折！

➢ 等级考试系列　6　折！

5/20 以前限时抢购中！

BookHouse

七星书屋

活动地点：××市清河路 2 号

咨询电话：0517 - 8201****

图 3-91 ▶
任务拓展效果图

o-[教学导航]

教学目标	（1）掌握 Word 2016 样式的设置与应用 （2）掌握 Word 2016 论文图表的编辑 （3）掌握 Word 2016 中的分节操作 （4）掌握 Word 2016 目录的插入 （5）掌握 Word 2016 文档页眉和页脚的设置 （6）掌握 Word 2016 中题注的插入
本单元重点	（1）Word 2016 样式的设置与应用 （2）Word 2016 论文图表的编辑 （3）Word 2016 中的分节操作 （4）Word 2016 文档页眉和页脚的设置 （5）Word 2016 中题注的插入
本单元难点	（1）Word 2016 目录的插入 （2）Word 2016 中的分节操作 （3）Word 2016 文档页眉和页脚的设置
教学方法	任务驱动法、演示操作法
建议课时	6 课时（含考核课时）

o-[任务描述]

　　小王是某高校物流专业的一名大四学生。面对即将进行的毕业答辩，小王已根据毕业指导老师发放的毕业设计任务书的要求，完成了项目的调研和论文内容的书写。答辩之前，他需要按照教务处公布的"论文编写格式要求"完成毕业论文的排版设计工作。

　　"论文编写格式要求"如下：

　　1）论文必须包括封面、声明、中文摘要、英文摘要、目录、正文、致谢、参考文献等部分，如果有源代码或线路图等，也可以在参考文献后追加附录。各部分的标题均采用论文正文中一级标题的样式。

　　2）封面和声明：教务处给出了模板，从其网站上下载，并根据需要做必要的修改，封面中不写页码。

　　3）论文题目：中文字体为黑体，西文字体为 Times New Roman，字号三号、加粗、居中、1.25 倍行距。在论文题目后间隔一行，输入论文作者名，字体为宋体，五号、加粗、居中。

　　4）摘要：在作者名后，间隔一行，输入文字"摘要："，字体为仿宋，小五号、加粗。其后的内容字体为仿宋，小五号。摘要部分对齐方式为左对齐，1.25 倍行距。

　　5）关键词：在"摘要"后另起一段，输入文字"关键词："，字体为宋体，小五号、加粗。其后的内容字体为宋体，小五号。关键词部分对齐方式为左对齐，1.25 倍行距。

　　6）论文正文：中文字体为宋体，西文字体为 Times New Roman，字号均为五号，首行缩进两个字符，1.25 倍行距。

　　7）目录：自动生成；目录的标题文字字体为黑体，字号三号，居中对齐；目录内容字体为黑体，字号小四，对齐方式右对齐。

8）论文正文中的各级标题。

①一级标题：字体黑体，字号四号，加粗，对齐方式靠左，段前间距为 1 行，段后间距均为 0.5 行，1.25 倍行距；

②二级标题：字体黑体，字号小四号，加粗，对齐方式靠左，段前间距为 1 行，段后间距均为 0.5 行，1.25 倍行距；

③三级标题：字体黑体，字号五号，加粗，对齐方式靠左，段前间距为 1 行，段后间距均为 0.5 行，1.25 倍行距。

9）论文中的图表：图表的标题字体为宋体，小五号，居中，图（表）与正文混排。

10）参考文献：参考文献标题字体为宋体，字号五号；参考文献内容字体为仿宋，字号五号，1.25 倍行间距。

11）页面设置：采用 A4 大小的纸张打印，上、下页边距均为 2.5 厘米，左、右页边距均为 2 厘米；装订线 0.5 厘米；页眉、页脚距边界 1 厘米。

12）页眉：中文宋体，西文 Times New Roman，字号为五号；采用单倍行距，居中对齐。除论文正文部分外，其余部分的页眉书写当前部分的标题；论文正文奇数页的页眉书写章题目，偶数页的页眉书写"××大学"。

13）页脚：中文宋体，西文 Times New Roman，字号为小五号；采用单倍行距，居中对齐；页脚中显示当前页的页码。其中，中文摘要与目录的页码使用罗马数字，且分别单独编号；从论文正文开始，使用阿拉伯数字，且连续编号。

14）论文左侧装订，封面、摘要单面打印，目录、正文、致谢、参考文献等双面打印。

经过详细分析，小王利用 Word 2016 强大的排版功能，完成了此任务。

【任务分析】

本任务涉及以下知识点：样式的设置与应用、编辑论文图表、插入目录、设置页眉页脚、插入题注。

【任务实施】

任务 4-1：设置并应用样式

为了方便管理，首先对论文进行页面设置，以便于直观地查看页面中的内容和排版是否适宜，避免事后修改。

启动 Word 2016 创建一个空白文档，切换到"布局"选项卡，单击"页面设置"组的"对话框启动器"按钮，打开"页面设置"对话框。在"页边距"选项卡中，将"右边距"微调框设置为"2.54 厘米"，将"装订线"微调框设置为"0.5 厘米"，如图 3-92 所示。切换到"版式"选项卡，选中"页眉和页脚"栏中的"奇偶页不同"复选框，并将"页眉""页脚"微调框中的数值都设置为"1 厘米"，如图 3-93 所示。单击"确定"按钮，完成页面设置。

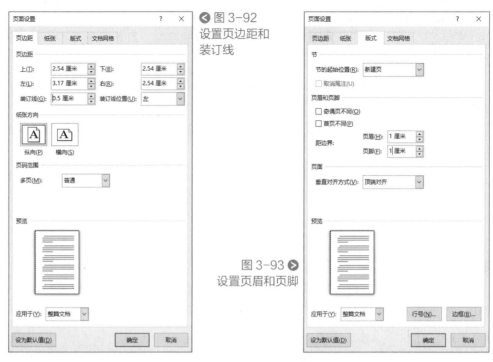

图 3-92
设置页边距和
装订线

图 3-93 ❯
设置页眉和页脚

完成了页面设置,将素材中的"毕业论文内容"记事本文档中的内容复制粘贴到空白文档中,删除文本中多余的空行,并将文档以"毕业论文"命名进行保存。

按照论文格式的要求,首先将文档中的论文标题和作者名按要求进行字体、字号以及段落格式的设置,设置完成后效果如图 3-94 所示。

图 3-94 ❯
论文标题与作者名
设置完成后的效果

由于论文格式要求中的样式较多,为了更便捷地进行排版,可以将论文中涉及的样式全部创建出来,然后将其分别应用到论文中。

将插入点定位于"1.绪论"之前。切换到"开始"选项卡,单击"样式"组右下角的"对话框启动器"按钮,打开"样式"任务窗格。单击窗格左下角的"新建样式"按钮,如图 3-95 所示。打开"根据格式设置创建新样式"对话框。在"名称"文本框中输入样式名称"论文一级标题",将"样式基准"下拉列表框设置为"标题1"选项,将"后续段落样式"下拉列表框设置为"正文"选项,在"格式"栏中设置字体为"黑体",字号为"四号",加粗,撤选"自动更新"复选框。

单击对话框左下角的"格式"按钮,从弹出的菜单中选择"段落"命令,打开"段落"对话框,设置段前、段后间距分别为"1行""0.5行",1.25 倍行距,设置完成后单击"确定"按钮返回"根据格式设置创建新样式"对话框,如图 3-96 所示。单击"确定"按钮,完成"论文一级标题"样式的设置。

◀ 图 3-95
"新建样式"
按钮

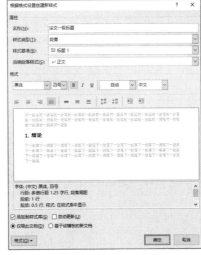

图 3-96 ❯
"根据格式设置创
建新样式"对话框

用同样的方法，创建"论文二级标题""论文三级标题""论文正文""关键词""图表标题"等样式。注意，"论文二级标题"的"样式基准"为"标题2"，"论文三级标题"的"样式基准"为"标题3"，其他样式的"样式基准"为"正文"。

论文样式创建完成后，将光标定位于"1.绪论"之中，然后单击"样式"窗格中的"论文一级标题"样式，即可实现对样式的应用。用同样的方法为论文中的"2.C2C电子商务的应用和发展""3.我国C2C电子商务发展中的诚信问题""4.C2C电子商务诚信问题的理论分析""5.电子商务诚信管理机制的案例分析""6.总结""7.致谢""参考文献"应用"论文一级标题"的样式。

将论文内容中"1.1…"等设置为"论文二级标题"样式；将"1.1.1…"等设置为"论文三级标题"样式。

将插入点置于论文正文之中，右击鼠标，从弹出的快捷菜单中选择"样式"→"选择格式相似的文本"命令，此时论文中未设置格式的正文内容将全部被选中，单击"样式"窗格中的"论文正文"样式，即可将该样式快速地应用到论文正文之中。

任务 4-2：编辑论文图表

将光标定位于"（如图2-1）："之后，按 <Enter> 键另起一行，切换到"插入"选项卡，单击"插图"组中的"图片"按钮，打开"插入图片"对话框，选择素材中的"图2.1"插入到文档中，调整图片的大小，并设置其对齐方式为"居中"。

用同样的方法将素材中的图3.1、图3.2、图4.1插入到文档中。之后将素材中的表3.1、表5.1中的表格复制到论文相应的位置。

选中图2.1图片，切换到"引用"选项卡，单击"题注"组中的"插入题注"按钮，打开"题注"对话框，如图3-97所示。单击"新建标签"按钮，在"标签"的文本框中输入"图2."，如图3-98所示。单击"确定"按钮返回"题注"对话框，再次单击"确定"按钮，返回文档中，此时在所选图片的下方出现文字"图2-1"，在其后输入文字"电子商务模式"，

◀ 图 3-97
"题注"对话框

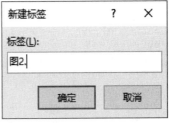

◀ 图 3-98
"新建标签"
对话框

完成对图 2-1 题注的添加，如图 3-99 所示。

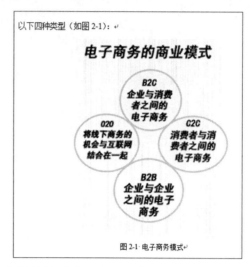

图 3-99 ▶
插入题注后的效果

用同样的方法为论文中的其他图片和表格添加题注。

任务 4-3：插入目录

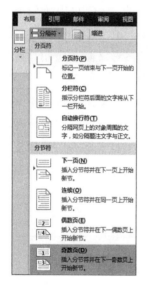

图 3-100 ▶
"奇数页"命令

在插入目录之前，首先需要将文档进行分节操作。

将插入点定位于论文标题之前，切换到"布局"选项卡，单击"页面设置"组中的"分隔符"按钮，从下拉列表中选择"奇数页"命令，如图 3-100 所示。此时在文档的第一页出现一个空白页。

用同样的方法，将光标分别定位于英文摘要和各论文一级标题之前并插入"下一页"的分节符。

分节操作完成之后，将插入点置于空白页中，输入"目录"字样并按 <Enter> 键。

切换到"引用"选项卡，单击"目录"组中的"目录"按钮，从下拉列表中选择"插入目录"命令，打开"目录"对话框，如图 3-101 所示。由于对话框中默认显示级别为"3"，符合要求，所以无须修改对话框中内容，直接单击"确定"按钮，即可实现目录的插入。按论文格式要求设置目录内容的字体、字号，效果如图 3-102 所示。

◀ 图 3-101
"目录"对话框

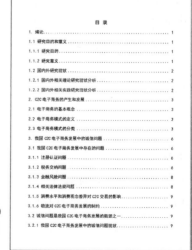

图 3-102 ▶
目录完成后的
效果（部分）

任务 4-4: 设置页眉页脚

论文的页眉和页脚分别位于文档页面的顶部和底部，需要分开设置。首先进行页眉的创建。

将插入点置于"目录"页面中，切换到"插入"选项卡，单击"页眉和页脚"组中的"页眉"按钮，从下拉列表中选择"编辑页眉"命令。此时光标在目录顶部的页眉区闪烁，输入"目录"字样，如图3-103所示。单击"页眉和页脚工具丨设计"选项卡的"导航"组中的"下一节"按钮，将插入点置于目录的偶数页页眉中，输入"**大学"字样，如图3-104所示。

◀图 3-103
目录页奇数页页眉

◀图 3-104
目录页偶数页页眉

再次单击"导航"组中的"下一节"按钮，将插入点置于"摘要"的奇数页页眉区，单击"导航"组中的"链接到前一条页眉"按钮，断开与目录页的联系，然后输入文字"摘要"。之后单击"导航"组中的"下一节"按钮，将插入点置于摘要的偶数页页眉区，保持偶数页已显示的"**大学"的状态，继续单击"下一节"按钮进入"1.绪论"的页眉区。

依次设置论文正文中各节的页眉。其中，设置奇数页的页眉时，首先使"链接到前一条页眉"按钮处于未选中状态，然后输入相应章的标题；对偶数页的页眉不做任何设置，保持目录偶数页的页眉即可。

将"6.总结""7.致谢"和"参考文献"三节的页眉分别设置为其标题文本，且不区分奇偶页。最后，设置页眉文字的字体、字号，设置完成后单击"设计"选项卡中的"关闭页眉和页脚"按钮，完成对页眉的设置。

页眉设置完成后，在目录页的页眉上双击，进入页眉编辑状态。切换到"设计"选项卡，单击"导航"组中的"转至页脚"按钮，将插入点移至页脚区。使"链接到前一条页眉"按钮处于未选中状态，然后按 <Ctrl+E> 组合键，使其居中对齐。单击"页眉和页脚"选项组中的"页码"按钮，从下拉列表中选择"设置页码格式"命令，打开"页码格式"对话框。将"数字格式"下拉列表框设置为"I, II, III, ..."选项，选中"起始页码"单选按钮，并将后面的微调框设置为"I"，如图3-105所示。单击"确定"按钮，返回页脚区。

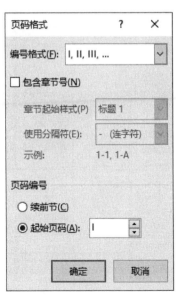

◀图 3-105
"页码格式"
对话框

再次单击"页眉和页脚"选项组中的"页码"按钮，从下拉菜单中选择"页面底端"→"普通数字2"命令，如图3-106所示。罗马数字页码"I"出现在"目录"节中的页脚区。

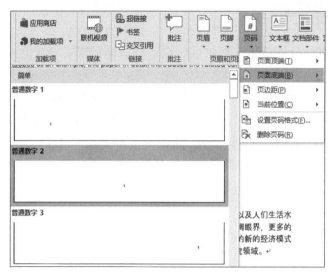

图 3-106 ▶
"普通数字 2"
页码选项

单击"导航"选项组中的"下一节"按钮,将插入点置于"摘要"节的页脚区。保持其中页码格式不变,再次单击"导航"组中的"下一节"按钮,将插入点置于"1.绪论"节的页脚区,确保"链接到前一条页眉"按钮处于未选中状态,打开"页码格式"对话框,设置编号格式为"1,2,3…",选中"起始页码"单选按钮,并将后面的微调框设置为"1",然后单击"确定"按钮,返回文档中,阿拉伯数字页码"1"出现在"绪论"页的页脚中。

单击"下一节"按钮,将插入点置于"1.绪论"偶数页的页脚区,保持"链接到前一条页眉"按钮处于选中状态,然后按 <Ctrl+E> 组合键,并单击"页眉和页脚"组中的"页码"按钮,从下拉菜单中选择"页面底端"→"普通数字 2"命令,将页码插入其中。再次单击"下一节"按钮,此时后续页面的页码已自动设置完成。

单击"设计"选项卡中的"关闭页眉和页脚"按钮,完成对页脚的设置。

在论文目录前利用分节符插入两个空白页,将素材中的封面、声明复制过来,再将相应的论文题目、指导老师姓名等内容进行添加,最后保存文档,完成实例的制作。效果如图 3-107 所示。

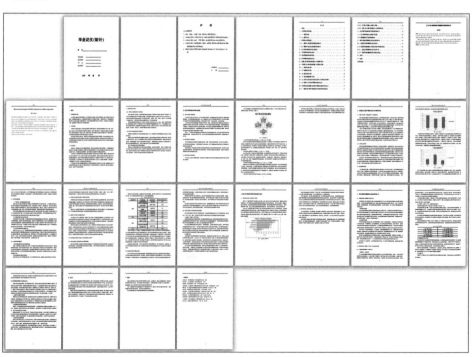

图 3-107 ▶
论文排版以后
的效果图

核心知识 1：套用样式

样式是指用有意义的名称保存的字符格式和段落格式的集合，在编排重复格式时，可以先创建一个该格式的样式，然后在需要的地方套用这种样式，从而避免了一次次地对它们进行重复的格式化操作。

（1）套用已有的样式

选择需要应用样式的文本，在"开始"选项卡中单击"样式"组中的样式即可。

（2）利用快捷键

打开"样式"窗格，右击需要设置快捷键的样式，从弹出的快捷菜单中选择"修改"命令，如图 3-108 所示。打开"修改样式"对话框。单击"格式"按钮，从弹出的列表中选择"快捷键"命令，如图 3-109 所示。打开"自定义键盘"对话框，按下组合键 <Ctrl+T>，如图 3-110 所示。单击"指定"按钮，即可为"标题 1"样式指定快捷键。当需要再次应用"标题 1"样式时，直接按 <Ctrl+T> 即可。

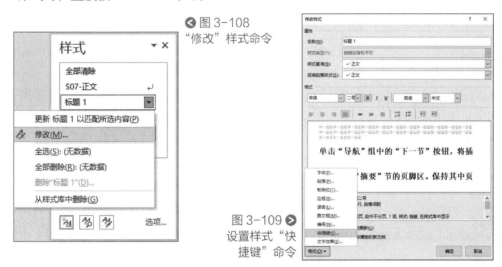

◀ 图 3-108
"修改"样式命令

图 3-109 ▶
设置样式"快捷键"命令

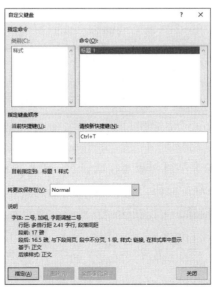

◀ 图 3-110
"自定义键盘"
对话框

核心知识 2：创建题注与交叉引用

图片的题注是指给图片、表格、图表、公式等项目添加的名称和编号。在撰写论文时，图片、表格通常按照在章节中出现的顺序分章进行编号，为了省去对编号的维护工作量，可以在编辑过程中使用题注对图片和表格进行自动编号。

（1）为表格创建题注

选择"毕业论文"3.2.1 节中的表格。切换到"引用"选项卡，在"题注"组中单击"插入题注"按钮，打开"题注"对话框。单击"新建标签"按钮，在打开的"新建标签"对话框中输入"表 3."，单击"确定"按钮，返回"题注"对话框，此时"题注"下方的文本框中显示"表 3.1"，单击"位置"右侧的下拉按钮，从下拉列表中选择"所选项目上方"选项，设置题注的位置，如图 3-111 所示。单击"确定"按钮，在所选表格的上方出现标签和表号，在题注后输入"电子商务网络交易分析表"字样，作为对表 3.1 的说明。

图 3-111
设置表格题注

当不需要题注时，可选中需要删除的题注，按 <Delete> 键即可将其清除。清除题注后，Word 会自动更新其余的题注编号。

（2）为表格创建交叉引用

交叉引用是对 Word 文档中其他位置内容的引用。交叉引用可以将文档插图、表格等内容与相关正文的说明文字建立对应关系，从而为编辑操作提供自动更新手段。

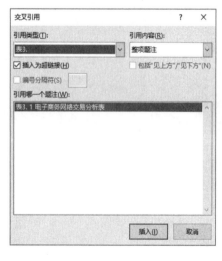

图 3-112
"交叉引用"
对话框

选择表 3.1 上方正文中的"表 3.1"字样，切换到"引用"选项卡，在"题注"组中单击"交叉引用"按钮，打开"交叉引用"对话框。在"引用类型"的下拉列表中选择"表 3."选项，在"引用哪一个题注"列表框中选择"表 3.1 电子商务网络交易分析表"选项，如图 3-112 所示。单击"确定"按钮，选中的题注内容将取代选中的文字，实现交叉引用。如果修改了被引用位置上的内容，返回引用点时按 <F9> 键，即可将引用点的内容更新。

图片的题注、交叉引用的创建与表格创建题注与交叉引用的方法一样，请大家自行练习。

核心知识 3：制作目录

文档中设置了大纲级别的文本可以被制作成目录，读者可以通过目录了解文档的整体结构，同时方便查询某一标题所在的页码。

Word 中提供了自动目录样式，可以快速创建目录。操作方法如下：

将插入点定位于需要创建目录的位置，切换到"引用"选项卡，单击"目录"组中的"目录"按钮，从下拉列表中选择一种目录样式，如图 3-113 所示，即可快速生成目录。

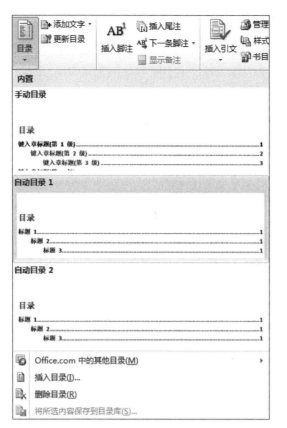

若要自定义目录，可进行如下操作：

将插入点定位于需要创建目录的位置，切换到"引用"选项卡，单击"目录"组中的"目录"按钮，从下拉列表中选择"自定义目录"命令，打开"目录"对话框。如果选中"显示页码"复选框，表示在目录中每个标题后面将显示页码；如果选中"页码右对齐"复选框，表示让页码右对齐。在"制表符前导符"下拉列表框中指定文字与页码之间的分隔符，如图3-114 所示。在"格式"下拉列表框中选择目录的风格，如图 3-115 所示。

图 3-114
"目录"对话
框中的"制表
符前导符"

图 3-115
"目录"对话框
中的"格式"

单击"选项"按钮，弹出"目录选项"对话框，如图 3-116 所示。在此对话框中可设置目录的样式。

要修改生成目录的外观格式时，可单击"目录"对话框中的"修改"按钮，弹出"样式"对话框，如图 3-117 所示。选中一种目录样式，可修改目录的外观。

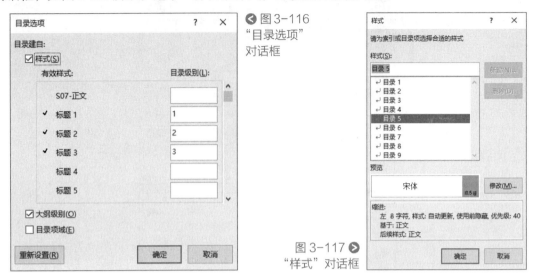

◀ 图 3-116
"目录选项"
对话框

图 3-117 ▶
"样式"对话框

　　设置完成后，单击"确定"按钮，即可将自定义后的目录插入到文档中。

　　当文档的内容发生变化时，可右击生成的目录，从弹出的快捷菜单中选择"更新域"命令，打开"更新目录"对话框，选择"只更新页码"单选按钮（此项只有当文档页码发生改变时可选择）或"更新整个目录"（此项是当文档标题内容有修改时可选择），之后单击"确定"按钮，即可实现目录的更新。

核心知识 4：制作页眉和页脚

　　页眉是文档中每个页面的顶部区域。常用于显示文档的附加信息，可以插入时间、图形、公司徽标、文档标题、文件名或作者姓名等。文档页眉添加操作方法如下：

　　切换到"插入"选项卡，在"页眉和页脚"组中单击"页眉"按钮，Word 2016 中提供了多个内置的页眉格式，如图 3-118 所示。用户可根据实际需要进行选择。

　　如果不需要使用内置的样式，可在"页眉"的下拉菜单中选择"编辑页眉"命令，之后可直接进入页眉的编辑状态。

　　另外，双击文档的页眉区也可直接进入页眉的编辑状态。

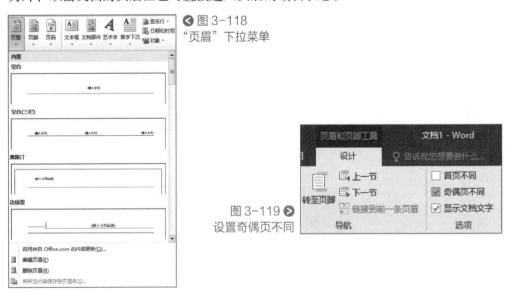

◀ 图 3-118
"页眉"下拉菜单

图 3-119 ▶
设置奇偶页不同

页脚是文档中每个页面的底部的区域。常用于显示文档的附加信息，可以在页脚中插入文本或图形，例如，页码、日期、公司徽标、文档标题、文件名或作者名等，这些信息通常打印在文档中每页的底部。在页眉的编辑状态，单击"页眉和页脚工具｜设计"选项卡的"导航"组中的"转至页脚"按钮，即可进入页脚的编辑状态。页脚的设置方法与页眉相同。

当为文档分节完毕，需要为文档中的奇偶页添加不同的页眉和页脚时，可进行如下的操作：

按 <Ctrl+Home> 组合键返回文档首页开头，双击首页的页眉或页脚区，进入页眉和页脚的编辑状态。切换到"页眉和页脚工具｜设计"选项卡，在"选项"组中选中"奇偶页不同"复选框，如图 3-119 所示。将光标定位于奇数页页眉中，根据要求输入奇数页页眉，之后单击"导航"组中的"下一节"按钮，在偶数页页眉中输入相应的内容即可。设置完成后，双击文档正文，即可退出页眉页脚的编辑状态。

在文档中插入页码时要注意：先设置页码的格式，然后再进行页码的插入操作。

核心技巧 1：去除文档中的空行

将记事本中的内容复制粘贴到文档中时，可能会产生大量的空白行，手工删除会耗费大量的时间和精力，利用 Word 2016 的查找替换功能，可以轻松完成此项工作。操作方法如下：

切换到"开始"选项卡，在"编辑"组中单击"替换"按钮，打开"查找和替换"对话框。在"替换"选项卡中，单击"更多"按钮，再单击"特殊格式"按钮，从弹出的下拉列表中选择"段落标记"选项，如图 3-120 所示。此时在"查找"栏内出现"^p"字样，再次单击"特殊格式"按钮，选择"段落标记"选项，使"查找"栏内出现"^p^p"字样，在"替换"栏中输入"^p"，单击"全部替换"按钮，即可实现多余行的删除。需要注意的是，有时候一篇文章中空行形成的方式并不一致，只要变更查找内容，多替换几次就可以了。

◀ 图 3-120
"段落标记"命令

核心技巧2：巧设页眉

（1）删除页眉中的横线

在添加页眉时，页眉的下方会默认出现一条横线，若需要删除这条横线，可进行如下操作：

双击页眉区，进入页眉的编辑状态。选中页眉内容，切换到"开始"选项卡，单击"段落"组中的"边框"下拉按钮，从下拉列表中选择"无框线"命令，如图3-121所示，就可以让页眉中的横线消失。

图3-121 ❥
选择"无边框"
选项

（2）在页眉中提取章（节）标题

在对文档进行排版时，有时候需要在页眉中动态显示当前的章（节）标题。以文中实例为例，可进行如下的操作：

双击"1.绪论"页的页眉区，进入页眉的编辑状态。切换到"插入"选项卡，单击"文本"组中的"文档部件"按钮，从下拉列表中选择"域"选项。打开"域"对话框，在"类别"列表框中选择"全部"，在"域名"列表框中选择"StyleRef"域，在"样式名"列表框中选择章节使用的样式"标题1"，如图3-122所示。单击"确定"按钮，"1.绪论"字样出现在页眉区。单击"页面和页脚工具｜设计"选项卡的"关闭"组中的"关闭页眉和页脚"按钮，光标返回主文档，即可完成操作。

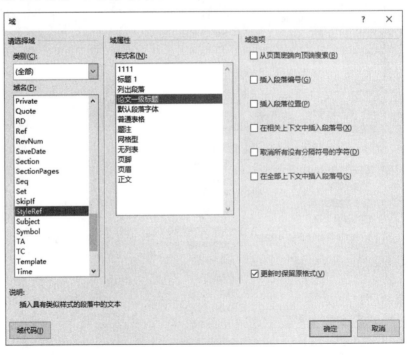

图3-122 ❥
"域"对话框

真题名称：文本编辑与表格制作

打开素材文件夹下的“word.docx”文件，按照要求完成下列操作并以该文件名（word.docx）保存文档，效果如图 3-123 所示。

1）将标题段（“六指标凸显 60 年中国经济变化”）文字设为红色（标准色）、三号黑体、加粗、居中，并添加着重号。

2）将正文各段（“对于中国经济总量……还有很长的路要走”）中的文字设置为小四号宋体、行距 20 磅，使用“编号”为正文三至第八段（“综合国力……正向全面小康迈进。”）添加编号“一、”“二、”……

3）设置页面上、下边距各为 4 厘米，页面垂直对齐方式为“底端对齐”。

4）将文中后 11 行文字转换为一个 11 行 4 列的表格，并将表格样式设置为“简明型 1”；设置表格居中、表格中所有文字水平居中；设置表格第一行为橙色（标准色）底纹，其余各行为浅绿色（标准色）底纹。

5）设置表格第一列列宽为 1 厘米，其余各列列宽为 3 厘米，表格行高为 0.6 厘米，表格所有单元格的左右边距均为 0.1 厘米。

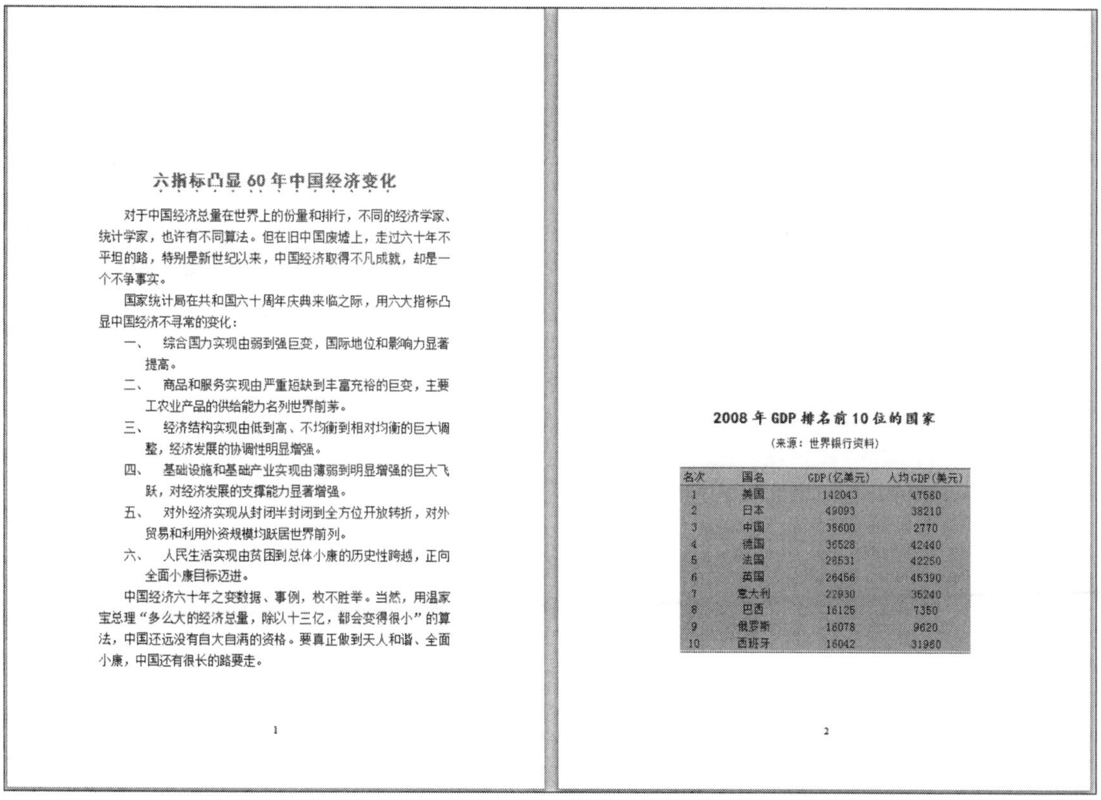

六指标凸显 60 年中国经济变化

对于中国经济总量在世界上的份量和排行，不同的经济学家、统计学家，也许有不同算法。但在旧中国废墟上，走过六十年不平坦的路，特别是新世纪以来，中国经济取得不凡成就，却是一个不争事实。

国家统计局在共和国六十周年庆典来临之际，用六大指标凸显中国经济不寻常的变化：

一、 综合国力实现由弱到强巨变，国际地位和影响力显著提高。

二、 商品和服务实现由严重短缺到丰富充裕的巨变，主要工农业产品的供给能力名列世界前茅。

三、 经济结构实现由低到高、不均衡到相对均衡的巨大调整，经济发展的协调性明显增强。

四、 基础设施和基础产业实现由薄弱到明显增强的巨大飞跃，对经济发展的支撑能力显著增强。

五、 对外经济实现从封闭半封闭到全方位开放转折，对外贸易和利用外资规模均跃居世界前列。

六、 人民生活实现由贫困到总体小康的历史性跨越，正向全面小康目标迈进。

中国经济六十年之变数据、事例，枚不胜举。当然，用温家宝总理“多么大的经济总量，除以十三亿，都会变得很小”的算法，中国还远没有自大自满的资格。要真正做到天人和谐、全面小康，中国还有很长的路要走。

1

2008 年 GDP 排名前 10 位的国家

（来源：世界银行资料）

名次	国名	GDP（亿美元）	人均 GDP（美元）
1	美国	142043	47580
2	日本	49093	38210
3	中国	38600	2770
4	德国	36528	42440
5	法国	28531	42250
6	英国	26456	45390
7	意大利	22930	35240
8	巴西	16125	7350
9	俄罗斯	16078	9620
10	西班牙	16042	31960

2

图 3-123 真题训练（打印预览）效果图

【任务拓展】

任务名称：制作投标书

“盛世家园”物业管理公司为参加晨阳国际别墅区的管理招标，需要制作一份投标书。投标书包括：封面、目录、正文三部分。现已完成初步的排版，还需要进行以下排版操作：

1）封面单独一页，无页眉、页脚。

2）为文档中的各部分设置"标题1"的样式、各章节设置"标题2"的样式，文档中的"一、""二、"……设置为"标题3"的样式。

3）目录自动生成。目录奇数页页眉显示"目录"字样，偶数页页眉显示"晨阳国际投标书"字样，字体为"华为彩云"，字号为"五号"，居中，加粗。页脚用罗马数字编号"I，II，III，..."样式。

4）正文按各部分进行分页，奇数页页眉显示各部分的标题，偶数页显示"晨阳国际投标书"字样。字体为"华为彩云"，字号为"五号"，居中，加粗。页脚用阿拉伯数字编码。效果如图 3-124 所示。

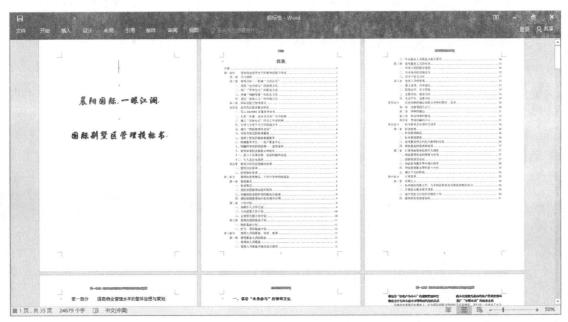

图 3-124
任务拓展效果图
（部分）

第 **4** 单元

Excel 2016
电子表格软件

Microsoft Excel 2016 是微软 Office 办公软件系列的组件之一。它是一款功能强大、实用性强的电子表格处理软件。它可以利用自带的公式和函数对表格中的数据进行算术和逻辑运算，分析汇总表格中数据的信息，并把相关数据用统计图表的形式表示出来。准确地掌握 Excel 2016 的操作能够更好地满足日常工作的需要。

[教学导航]

教学目标	（1）熟悉 Excel 2016 的工作界面 （2）掌握 Excel 2016 的基础数据录入 （3）掌握 Excel 2016 中单元格的格式设置 （4）掌握 Excel 2016 中表格的格式化 （5）掌握 Excel 2016 中表格背景和样式的设置
本单元重点	（1）Excel 2016 的基础数据录入 （2）Excel 2016 中单元格的格式设置 （3）Excel 2016 中表格的格式化 （4）Excel 2016 中表格背景和样式的设置
本单元难点	（1）Excel 2016 的基础数据录入 （2）Excel 2016 中单元格的格式设置 （3）Excel 2016 中表格的格式化 （4）Excel 2016 中表格背景和样式的设置
教学方法	任务驱动法、演示操作法
建议课时	4 课时（含考核评价）

[任务描述]

　　为了对 2017—2018 学年第一学期的学生成绩进行统计，班主任要求学委小王将本班同学期末的考试成绩汇总成一张学生成绩单，表格中包括：成绩单标题、序号、学号、姓名、课程名、课程成绩。为便于班主任查看，需要将表格中不及格的数据用红色、倾斜、加粗的格式显示，对于成绩超过 90 分或达到"优"等级的单元格填充黄色底纹。根据班主任的要求，小王利用 Excel 2016 出色地完成了此项任务。

[任务分析]

　　本任务涉及以下知识点：表格数据的录入、单元格格式化、表格格式化、设置表格背景与样式。

[任务实施]

任务 1-1：输入基本数据

　　选择菜单"开始"→"Excel 2016"命令，启动 Excel，创建一个空白的工作簿文件，如图 4-1 所示。

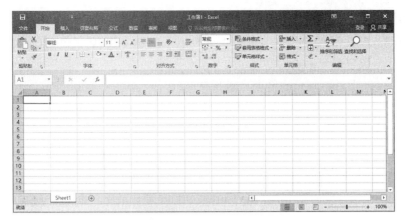

◀ 图 4-1
新建工作簿

选中单元格 A1，切换输入法到中文输入状态，输入工作表的标题"18 软件技术 1 班期末成绩汇总表"。输入完毕按 <Enter> 键，此时鼠标会自动定位到单元格 A2 中。

使用同样的方法，在单元格区域 A2:H2 中分别输入"序号""学号""姓名""高数""C 语言""英语""大学语文""思修"，如图 4-2 所示。

◀ 图 4-2
输入表格标题
与列标题

选中"序号"下方的单元格 A3，在其中输入数字"1"，之后将鼠标移到单元格 A3 的右下角，当鼠标指针变成黑色"+"（控制句柄）时，按住鼠标左键向下拖动到单元格 A12，松开鼠标，此时会出现"自动填充选项"按钮，单击此按钮，从下拉列表中选择"填充序列"选项，如图 4-3 所示。单元格区域 A3:A12 内自动生成了 1 到 10 的序号。

◀ 图 4-3
"自动填充选项"
下拉列表

由于学生的学号是由不具备数学意义的数字组成的，可以在输入学号之前先将单元格数据设置成文本型，再进行输入。

拖动鼠标选择单元格区域 B3:B12，切换到"开始"选项卡，单击"数字"组右下角的对话框启动器按钮，打开"设置单元格格式"对话框，切换到"数字"选项卡，在"分类"列表框中选择"文本"选项，如图 4-4 所示。单击"确定"按钮，完成单元格文本框的设置。设置完成后，在单元格 B3 中输入"31717101"，利用填充句柄在单元格区域 B4:B12 中填充其他学号。

◀ 图 4-4
"设置单元格格式"
对话框

学生的学号输入完成之后，在单元格区域 C3:C12 依次输入学生的姓名。

为防止在输入学生成绩时出现 100 以上或 0 以下的越界数据，可以先利用 Excel 的“数据有效性”功能，限定单元格的值在 0~100。

选择单元格区域 D3:G12，切换到“数据”选项卡，单击“数据工具”组中的“数据验证”按钮，从下拉列表中选择“数据验证”命令，打开“数据验证”对话框。切换到“设置”选项卡，在“允许”的下拉列表中选择“整数”选项，在“数据”下拉列表框中选择“介于”选项，在“最小值”和“最大值”下方的文本框中分别输入数字 0 和 100，如图 4-5 所示。单击“确定”按钮，完成数据有效性设置。之后直接在单元格区域 D3:G12 中输入学生成绩，如果不小心输入了错误的数据，系统会弹出提示对话框。单击“取消”按钮，可以在单元格中重新输入正确的数据。

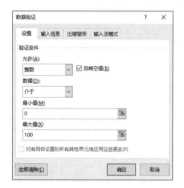

图 4-5 “数据验证”对话框

学生的“思修”课成绩是五级制，成绩只能是“优”“良”“中”“及格”“不及格”中的某一项，可以利用“数据有效性”中的“序列”设置，实现使用下拉列表选择的方式输入。

选择单元格区域 H3:H12，切换到“数据”选项卡，单击“数据工具”组中的“数据验证”按钮，打开“数据验证”对话框。切换到“设置”选项卡，在“允许”的下拉列表中选择“序列”选项，在“来源”的文本框中输入“优,良,中,及格,不及格”(注意：逗号的输入应为英文状态下的输入)，如图 4-6 所示。单击“确定”按钮，此时，在单元格 H3 的右侧出现一个下拉箭头按钮，单击此按钮，就会弹出含有自定义的序列列表，如图 4-7 所示。选择列表中的选项，即可实现“思修”成绩的输入。

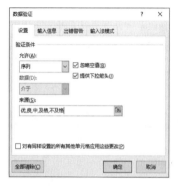

图 4-6 设置“序列”数据有效性

图 4-7 自定义序列列表

表格基本数据输入之后的效果如图 4-8 所示。单击“保存”按钮，将文件以“学生成绩单”命名进行保存。

18软件技术1班期末成绩汇总表							
序号	学号	姓名	高数	C语言	英语	大学语文	思修
1	31717101	张雷	95	80	76	89	优
2	31717102	李明	63	48	77	63	中
3	31717103	王芳	74	86	82	88	良
4	31717104	胡笑	85	91	93	96	优
5	31717105	刘洋	49	75	69	80	中
6	31717106	刘一名	65	73	80	77	及格
7	31717107	冯小阳	58	61	71	69	不及格
8	31717108	马锐	91	89	85	93	良
9	31717109	王赛	66	74	83	78	不及格
10	31717110	单丽丽	73	80	75	86	中

图 4-8 基本数据输入完成后的效果图

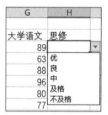

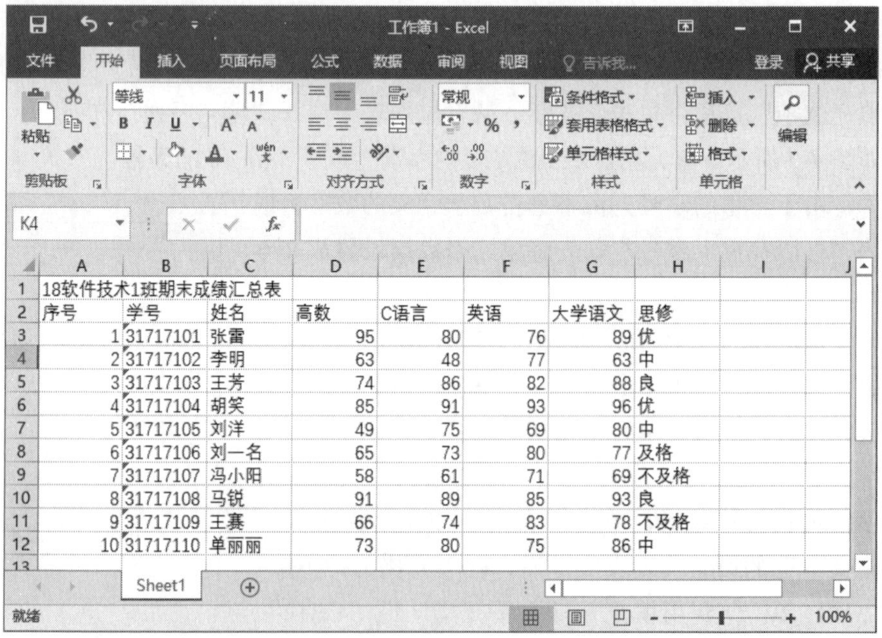

任务 1-2：设置单元格格式

单元格格式设置主要包括设置数字格式、设置对齐方式、设置字体格式、设置边框和底纹等基本操作。

选择单元格区域 A1:H1，切换到"开始"选项卡，单击"对齐方式"组中的"合并居中"按钮，使标题行居中显示。在"字体"组中单击"字体"右侧的箭头按钮，从下拉列表中选择"微软雅黑"选项，将"字号"下拉列表框设置为"18"，并单击"加粗"按钮，如图 4-9 所示，完成表格标题行的设置。

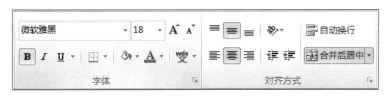

◀ 图 4-9
设置"合并居中"
"字体"和"字号"

选择单元格区域 A2:H2，在"开始"选项卡的"字体"组中设置其字体为"楷体"，字号为"14"。

选择单元格区域 A2:H12，单击"字体"组中"边框"按钮右侧的箭头按钮，从下拉列表中选择"所有框线"命令，如图 4-10 所示。接着单击"对齐方式"选项组中的"居中"按钮，完成表格区域的边框和对齐方式设置。

选择单元格区域 A2:H2，切换到"开始"选项卡，单击"字体"组"填充颜色"按钮右侧的箭头按钮，从下拉列表中选择如图 4-11 所示的颜色，为选中单元格区域添加底纹。

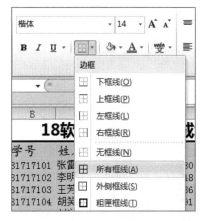

◀ 图 4-10
设置表格边框

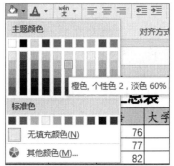

◀ 图 4-11
设置单元格底纹

图 4-12 ▶
"背景"按钮

任务 1-3：设置表格背景与样式

为了让表格更加美观，可以使用图片作为表格的背景。

切换到"页面布局"选项卡，在"页面设置"组中单击"背景"按钮，如图 4-12 所示。打开"工作表背景"对话框，在对话框中选择要设置为工作表背景的图片文件"bj.jpg"。单击"插入"按钮，即可完成表格背景的设置。

由于任务中要求将表格中不及格的数据用红色、倾斜、加粗的格式显示，对于成绩超过 90 分或达到"优"等级的单元格填充黄色底纹，所以还需要用条件格式对表格中的数据进行设置。

条件格式是指当单元格中的数据满足设定的某个条件时，系统会自动将其以设定的格式显示出来。

选择单元格区域 D3:G12，切换到"开始"选项卡，单击"样式"组中的"条件格式"按钮，从下拉菜单中选择"新建规则"命令，如图 4-13 所示。打开"新建格式规则"对话框。选择"选择规则类型"列表框中的"只为包含以下内容的单元格设置格式"选项，将"编辑规则说明"组中的条件下拉列表框设置为"小于"，并在后面的数据框中输入数字"60"。单击"格式"按钮，打开"设置单元格格式"对话框。在"字体"选项卡中，选择"字形"组合框中的"加粗倾斜"选项，将"颜色"下拉列表框设置为"标准色"组中的"红色"选项，单击"确定"按钮，返回"新建格式规则"对话框，如图 4-14 所示。单击"确定"按钮，即可实现 60 分以下数字的格式设置。

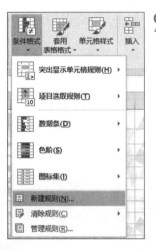

◀ 图 4-13
"新建规则"命令

图 4-14 ▶
"新建格式规则"
对话框

图 4-15 ▶
"突出显示单元格
规则"命令

用同样的方法，选择单元格区域 H3:H12，打开"新建格式规则"对话框，将"编辑规则说明"组中的条件下拉列表框设置为"等于"，并在后面的数据框中输入文本"不及格"。在"设置单元格格式"对话框中设置颜色为红色，字形为加粗倾斜。单击两次"确定"按钮，完成条件格式设置。

对于 90 分以上的成绩显示，可以利用"条件格式"中的"突出显示单元格规则"实现。单击"样式"组中的"条件格式"按钮，从下拉列表中选择"突出显示单元格规则"命令，从级联菜单中选择"大于"命令，如图 4-15 所示。打开"大于"对话框。

在"为大于以下值的单元格设置格式"的文本框中输入"90"，在"设置为"的下拉列表中选择"自定义格式"选项，如图 4-16 所示。打开"设置单元格格式"对话框，在"填充"选项卡中选择"背景色"为"黄色"，单击"确定"按钮返回"大于"对话框，再次单击"确定"按钮，返回工作表中。

图 4-16 ▶
"大于"对话框

计算机应用基础任务式教程（Windows10+Office2016）

用同样的方法将"思修"成绩为"优"的单元格填充黄色底纹。

至此，学生成绩单制作完毕，单击"保存"按钮保存完成的工作簿文件，效果如图 4-17 所示。

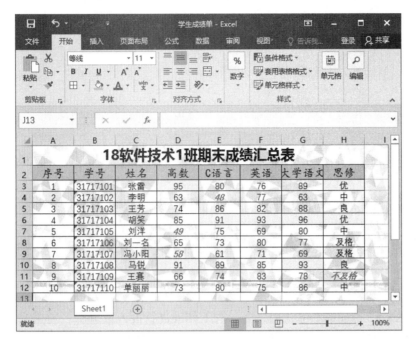

◀ 图 4-17
学生成绩单制作完
成后的效果

〖核心知识
与技巧〗

核心知识 1：熟悉 Excel 2016 的工作界面

Excel 2016 的工作界面由标题栏、选项卡和功能区、名称框和编辑栏、工作区、状态栏等部分组成。

◉ 标题栏：由快速访问工具栏、工作簿名称和窗口控制按钮组成，如图 4-18 所示。

快速访问按钮　　　　　　　　　　工作簿名称　　　　　　　　　　窗口控制按钮

◀ 图 4-18
标题栏

◉ 选项卡和功能区：Excel 2016 工作界面显示"开始""插入""页面布局""公式""数据""审阅""视图"等选项卡。功能区用于放置常用的功能按钮和下拉列表等调整工具，其中包含多个选项卡，如图 4-19 所示。单击功能区某个功能组右下角的对话框启动器按钮，即可打开相应的对话框或窗格。

选项卡　　功能区　　　　　　对话框启动器按钮　　　　　　　　折叠功能区

◀ 图 4-19
选项卡和功能区

◉ 名称框和编辑栏：名称框中显示的是当前活动单元格的地址或者单元格定义的名称；编辑栏用来显示或编辑当前活动单元格的数据和公式，如图 4-20 所示。

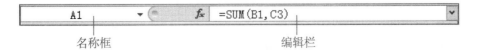

名称框　　　　　　　　　　编辑栏

◀ 图 4-20
名称框和编辑栏

⊛ 工作区：工作区是用户用来输入、编辑以及查阅的区域。工作区主要由行标识、列标识、表格区、滚动条和工作表标签组成。行标识用数字表示，列标识用英文字母表示，每一个行标识和列标识的交叉点就是一个单元格，用列标＋行号的形式表示。

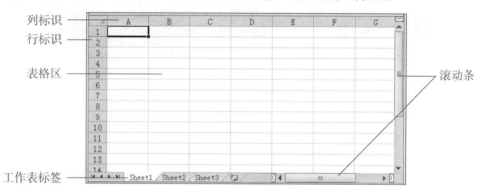

图 4-21 ◉
工作区

工作表标签显示的是工作表的名称，单击工作表标签可以实现工作表之间的切换。

⊛ 状态栏：状态栏位于主窗口的底部，用于显示当前工作簿的状态信息，状态栏中还包含视图切换按钮和比例缩放按钮。

核心知识 2：工作表的基本操作

工作表是 Excel 的基本单位，用户可以对工作表进行插入或删除、隐藏或显示、移动或复制、重命名、设置工作表标签颜色、保护工作表等基本操作。

⊛ 插入和删除工作表。

工作表是工作簿的组成部分，默认情况下，每个新建的工作簿中只有 1 个工作表"Sheet1"。

需要插入工作表时，在工作表标签上右击鼠标，然后从弹出的快捷菜单中选择"插入"命令。打开"插入"对话框，切换到"常用"选项卡，选择"工作表"，如图 4-22 所示。单击"确定"按钮，就可以在当前工作簿中插入一个新的工作表。

图 4-22 ◉
"插入"对话框

需要删除工作表时，选中要删除的工作表标签，然后单击鼠标右键，从弹出的快捷菜单中选择"删除"命令即可。

⊛ 隐藏和显示工作表。

当用户不希望别人看到工作表中的数据时，可以将工作表隐藏起来，当需要的时候再显示出来。

需要隐藏工作表时，选中要隐藏的工作表标签，然后单击鼠标右键，从弹出的快捷菜单中选择"隐藏"命令，即可将选中的工作表隐藏。

需要显示工作表时，在任意一个工作表标签上单击鼠标右键，从弹出的快捷菜单中选择"取消隐藏"命令，弹出"取消隐藏"对话框，在"取消隐藏工作表"列表框中选择要显示的工作表，如图 4-23 所示。单击"确定"按钮，即可将隐藏了的工作表显示出来。

◀ 图 4-23
"取消隐藏"
对话框

图 4-24 ▶
"移动或复制工
作表"对话框

❀ 移动或复制工作表。

移动或复制工作表是日常工作中经常用到的基本操作。用户可以在同一工作簿中移动或复制工作表，也可以在不同工作簿中移动或复制工作表。

右击工作表标签"Sheet1"，在弹出的快捷菜单中选择"移动或复制"命令，打开"移动或复制工作表"对话框，如图 4-24 所示。在"将选定工作表移至工作簿"下拉列表中选择需要移动或复制的工作簿名称，在"下列选定工作表之前"列表框中选择移动或复制到的工作表名。如选中"建立副本"复选框则表示复制工作表，如不选此复选框则表示移动工作表。设置完成后单击"确定"按钮即可完成工作表的移动或复制。需要注意的是，在不同的工作簿中移动或复制工作表时，要进行操作的源工作簿和目标工作簿必须都是开启的。

❀ 工作表重命名。

为了让其他用户更容易理解工作表的用途，可以根据实际需要将工作表重命名。

在需要重命名的工作表标签上右击鼠标，从弹出的快捷菜单中选择"重命名"命令，此时被选中的工作表标签呈高亮显示，表示工作表名称处于可编辑状态，输入适当的工作表名称，然后按 <Enter> 键，即可完成工作表的重命名操作。另外用户也可以在需要重命名的工作表标签上双击鼠标，使其处于可编辑状态，然后输入工作表名称。

❀ 设置工作表标签颜色。

当一个工作簿中有多个工作表时，为了方便快速浏览工作表，用户还可以为工作表标签设置不同的颜色。

在需要设置颜色的工作表标签上右击鼠标，从弹出的快捷菜单中选择"工作表标签颜色"命令，在弹出的级联菜单中选择一种颜色，如红色，如图 4-25 所示，即可完成工作表标签颜色的设置。

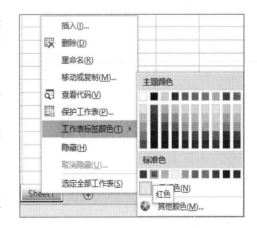

◀ 图 4-25
"设置工作表标签
颜色"命令

❀ 保护工作表。

为了防止他人随意更改工作表，用户可以为工作表设置保护。

切换到"审阅"选项卡，在"更改"组中单击"保护工作表"按钮，如图 4-26 所示。打开"保护工作表"对话框，如图 4-27 所示。在对话框中输入保护工作表的密码，设定允许此工作表的所有用户可以进行的操作，单击"确定"按钮，弹出"确认密码"对话框，在其中再次输入密码，单击"确定"按钮，就可以完成工作表的保护操作。

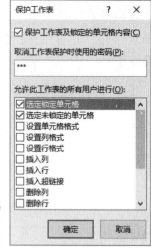

图 4-26
"保护工作表"
按钮

图 4-27 ◗
"保护工作表"
对话框

核心知识 3：表格原始数据输入

创建工作表后的第一步操作就是向工作表中输入各种数据。工作表中常用的数据类型有文本型、数值型、货币型、日期型等。

文本型数据就是字符串，在工作表中的默认对齐方式为左对齐。当输入的文本不完全由数字组成时，可用键盘直接输入。当输入由数字组成的文本时，可以先输入一个英文状态下的单引号，然后再输入数字。也可以先设置单元格区域的单元格格式为"文本"，再进行输入。

数值型数据可以直接在单元格中输入，在工作表中的默认对齐方式为右对齐。当输入真分数时，在分数前先输入一个"0"和一个空格，如输入"0 3/5"。

在输入货币型数据时，选择需要输入货币型数据的单元格区域，切换到"开始"选项卡，单击"数字"组右下角的对话框启动器按钮，打开"设置单元格格式"对话框，切换到"数字"选项卡，在"分类"列表框中选择"货币"选项，在"小数位数"的微调框中输入"2"，在"货币符号（国家 / 地区）"的下拉列表中选择"¥"，在"负数"列表框中选择一个合适的选项，如图 4-28 所示。单击"确定"按钮，完成单元格数字格式设置。

图 4-28 ◗
"设置单元格格式"
对话框

用同样的方法可以设置日期型数据的单元格区域，请大家自行练习。

计算机应用基础任务式教程（Windows10+Office2016）

核心知识 4：设置表格格式

表格格式设置包括套用表格样式、设置条件格式、设置表格边框和底纹、设置单元格格式等操作。

◎ 套用表格样式。

Excel 2016 自带了一些表格样式，用户可以根据需要从中选择合适的样式。操作方法如下：

选择需要设置样式的单元格区域，如实例中的 A2:H12。切换到"开始"选项卡，单击"样式"组中的"套用表格样式"按钮，从弹出的下拉列表中选择合适的表格格式，如图 4-29 所示，即可为所选单元格区域应用相应的表格样式。

◎ 设置条件格式。

条件格式是指当单元格中的数据满足设定的某个条件时，系统会自动将其设定的格式显示出来。条件格式分为突出显示单元格规则、项目选取规则、数据条、色阶和图标集。若要将表格中某单元格区域的数据设置成"数据条"格式，可进行如下操作：

选择需要设置条件格式的单元格区域，单击"条件"按钮，从下拉列表中选择"数据条"→"渐变填充 | 红色数据条"选项即可，如图 4-30 所示。

用同样的方法可以为选中单元格区域设置其他条件格式。当默认条件格式不满足用户需求时，可以对条件格式进行自定义设置，操作方法请见实例。

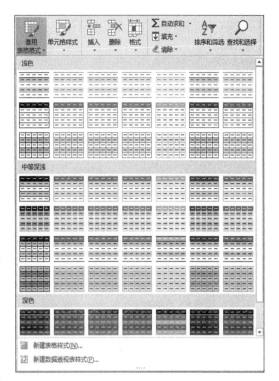

◀ 图 4-29
"套用表格样式"
列表

◀ 图 4-30
设置"数据条"条件格式

当对单元格区域中设置的格式不满意时，可以切换到"开始"选项卡，在"编辑"选项组中单击"清除"按钮，从下拉菜单中选择"清除格式"命令将其格式清除。

◎ 设置表格边框和底纹。

为了使工作表看起来更加美观，可以在编辑工作表的过程中，为其添加边框和底纹。

若要将实例中表格的外框线设置为蓝色双实线，内框线设置为红色单实线，可进行如下操作：

选择单元格区域 A2:H12，切换到"开始"选项卡，单击"字体"组中"绘制边框线"按钮右侧的箭头按钮，从弹出的下拉列表中选择"其他边框"选项。打开"设置单元格格式"对话框，切换到"边框"选项卡，在"样式"列表框中选择线条的样式为"双实线"，在"颜色"的下拉列表中选择"蓝色"，然后单击"预置"栏中的"外边框"按钮，如图 4-31 所示。

用同样的方法设置内部框线的线型为单实线，颜色为红色，并单击"内部"按钮，设置完成后单击"确定"按钮，返回工作表，即可完成表格边框的设置。

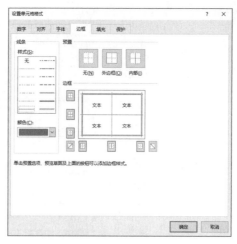

图 4-31 ◉
设置外边框

单元格填充底纹时，先选择需要填充的单元格区域，在"开始"选项卡中，单击"字体"组的"填充颜色"按钮，从下拉列表中选择所需颜色即可。

⚙ 设置单元格格式。

单元格格式设置包括设置数字格式、设置对齐方式、设置字体等操作。

为了使工作表看起来美观，可以设置工作表中字体的格式，操作方法如下：

选择需要设置字体的单元格，切换到"开始"选项卡，单击"字体"组右下角的"对话框启动器按钮"，打开"设置单元格格式"对话框，切换到"字体"选项卡，在"字体"的下拉列表中选择"微软雅黑"，在"字形"的列表框中选择"加粗"选项，在"字号"的列表框中选择"20"选项，在"颜色"的下拉列表中选择"蓝色"选项，如图 4-32 所示。单击"确定"按钮即可完成所选单元格字体的格式设置。

图 4-32 ◉
设置单元格字体

用同样的方法，可在"设置单元格格式"对话框的"数字"选项卡中设置单元格内容的数字格式，在"对齐"选项卡中可以设置工作表中数据的对齐方式。请大家自行练习。

核心技巧 1：选定工作表的操作

工作簿建立以后，对单元格或工作表操作之前，首先需要将其选定。Excel 中的选定操作包括选定单元格和选定工作表两种。

单元格是表格中行与列的交叉部分，它是组成表格的最小单位。当一个单元格被选中时，它的边框变成黑线，其行号和列标会突出显示，并且在名称框中会看到其名称。对单元格或单元格区域的选中操作方法较多，如表 4-1 所示。

表 4-1　选定单元格或单元格区域的选中操作

选定对象	操作方法
单个单元格	单击相应的单元格，或用方向键移动到相应的单元格
连续单元格区域	单击要选定单元格区域的第一个单元格，然后拖动鼠标直到要选定的最后一个单元格；或者按住 <Shift> 键再单击要选定的最后一个单元格
不连续的单元格或单元格区域	选定第一个单元格或单元格区域，然后按住 <Ctrl> 键再选定其他的单元格或单元格区域
工作表中的全部单元格	单击行号和列标交叉处的"全选"按钮；或者单击空白单元格，再按 <Ctrl+A> 组合键
取消选定的区域	单击工作表中其他任意单元格，或按方向键
单行或单列	单击行号或列标
连续的行或列	沿行号或列标拖动鼠标，或者先选定第一行或第一列，然后按住 <Shift> 键再选定其他行或列
不连续的行或列	先选定第一行或第一列，然后按住 <Ctrl> 键再选定其他行或列

选定工作表的操作比较简单，选中单个工作表，用鼠标单击其工作表标签即可；需要选中多个相邻的工作表时，先单击第一个工作表的标签，按住 <Shift> 键，然后单击要选定的最后一个工作表标签；需要选中多个不相邻的工作表时，先单击第一个工作表的标签，按住 <Ctrl> 键，然后分别单击要选定的工作表标签；需要选中工作簿中所有的工作表时，先右击工作表标签，从弹出的快捷菜单中选择"选定全部工作表"命令。

核心技巧 2：自定义序列填充

在 Excel 2016 中提供了用户的等比、等差等内置序列填充，但是在实际应用中，工作表的自动填充功能无法满足用户的要求，如用户希望在表格中可以实现"电子、机电、计通、电气、电商、传媒"的自动序列填充，此时可以使用自定义序列进行填充，操作方法如下：

切换到"文件"选项卡，在列表中选择"选项"命令，打开"Excel 选项"对话框，如图 4-33 所示。选择对话框左侧的"高级"选项，单击右侧"常规"选项区域的"编辑自定义列表"按钮，打开"自定义序列"对话框。在"自定义序列"列表框中选择"新序列"选项，在"输入序列"文本框中输入"电子,机电,计通,电气,电商,传媒"字样（注意：文本中的逗号为西文状态下的符号），如图 4-34 所示。单击"添加"按钮，将自定义的序列添加到已有序列中。单击"确定"按钮返回"Excel 选项"对话框，再次单击"确定"按钮，关闭对话框，完成自定义序列的添加。添加自定义序列之后，用户就可以像使用 Excel 内置的

◀ 图 4-33
"Excel 选项"
对话框

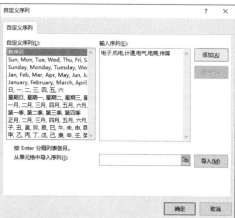

◀ 图 4-34
"自定义序列"
对话框

序列一样进行下拉填充序列操作。

当自定义序列不再使用时，可以打开"自定义序列"对话框，选择要删除的自定义序列，单击"删除"按钮即可。

核心技巧3：选择粘贴

图4-35 ▶
"选择性粘贴"
对话框

在 Excel 使用过程中，复制、粘贴操作使用得较为频繁。对要进行操作的单元格或单元格区域"复制"以后，右击目标单元格，在弹出的快捷菜单中选择"选择性粘贴"命令，就可以打开"选择性粘贴"对话框，如图 4-35 所示。常用的选择性粘贴功能如下：

🌑 "全部粘贴"是指在粘贴的时候会将单元格的公式、格式、批注等都粘贴过来。

🌑 "公式粘贴"是指在粘贴的时候只将单元格的公式粘贴过来。

🌑 "数值粘贴"是指在粘贴的时候只粘贴原单元格的数值。

🌑 "运算"栏中的功能是将复制单元格的数值和粘贴单元格的数值进行加、减、乘、除的运算。

🌑 "转置"是指在粘贴的时候将行单元格数量转置成列单元格数量，或者将列单元格数量转置成行单元格数量。

粘贴时，单元格右下方会出现一个小图标，单击该图标也可以进行选择性粘贴。

⊶[真题训练]

训练名称：表格编辑

打开素材文件夹中的"excel.xlsx"文件，将 Sheet1 工作表的 A1:D1 单元格合并为一个单元格，内容水平居中；利用条件格式的"图标集""三向箭头（彩色）"修饰 C3:C14 单元格区域，将工作表命名为"销售情况统计表"，保存"excel.xlsx"文件。

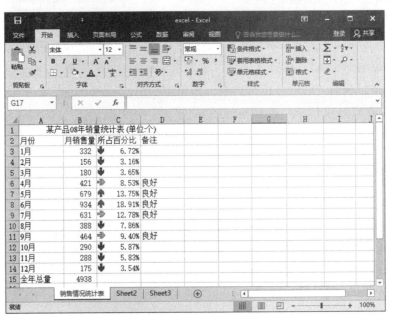

图4-36 ▶
真题训练效果图
（部分）

任务名称：制作销售统计表

晨光办公用品经营部为统计 2018 年的销售情况，需要制作一份销售额统计表，具体要求如下：

1）创建新的工作簿文件以"销售统计表"命名，在表格中输入数据，如图 4-37 所示。

2）根据效果图，设置表格中的文本格式：标题文本字体为"微软雅黑"，字号为"20"，加粗；表格列标题文本字体为"仿宋"，字号为"14"，加粗；表格中数据文本字体为"楷体"，字号为"12"。

3）为表格添加如效果图所示的边框，外框线为绿色双实线；内框线为蓝色单实线。

4）为表格中的单元格填充底纹：标题行添加双色（颜色 1 为橙色，强调文字颜色 6，淡色 80%；颜色 2 为标准色黄色）、渐变、底纹样式为"中心辐射"的填充效果；标题单元格区域填充颜色为橙色，强调文字颜色 6，淡色 40%。

5）为表格中单元格区域 D3:D12 设置"数据条→渐变填充→橙色数据条"条件格式；为单元格区域 E3:E12 设置"图标集→方向→三向箭头（彩色）"条件格式；为单元格区域 F3:F12 中高于平均值的单元格设置"浅红填充色深红色文本"条件格式；为单元格区域 G3:G12 设置"图标集→形状→三标志"条件格式；将单元格区域 H3:H12 中超过 150 000 销售额的数值文本设置为"红色、加粗、倾斜"样式。

6）适当调整表格的行高和列宽，将工作表重命名为"2018 年销售情况统计表"。

◀ 图 4-37
任务拓展效果图
（部分）

【教学导航】

教学目标	（1）掌握 Excel 2016 中图表的创建 （2）掌握 Excel 2016 中图表的美化 （3）掌握 Excel 2016 中迷你图的制作
本单元重点	（1）Excel 2016 中图表的创建 （2）Excel 2016 中图表的美化 （3）Excel 2016 中迷你图的制作
本单元难点	（1）Excel 2016 中图表的美化 （2）Excel 2016 中迷你图的制作
教学方法	任务驱动法、演示操作法
建议课时	2 课时（含考核评价）

【任务描述】

18 软件技术 1 班班主任为了了解学生考试情况，要求学委小王根据制作出的学生成绩单汇总表，将每位学生各门课的成绩制作成比工作表数据更为直观的柱形图表，以此来分析每一位同学的成绩情况。图表中需要包括图表标题、图例、图表样式等几部分内容。借助 Excel 2016 提供的插入图表功能，学委小王很快完成了此任务。

【任务分析】

本任务涉及以下知识点：图表创建、图表美化。

【任务实施】

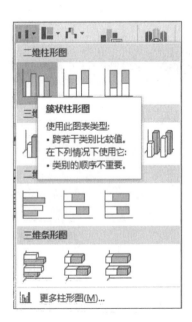

图 4-38 ◉
"簇状柱形图"
选项

任务 2-1：创建图表

打开素材中的工作簿文件"学生成绩单"。

选择单元格区域 C2:G12，切换到"插入"选项卡，单击"图表"组中的"柱形图"按钮，从下拉列表中选择"二维柱形图"中的"簇状柱形图"选项，如图 4-38 所示。此时，在工作表中插入了一个簇状柱形图，如图 4-39 所示。

选中图表，将鼠标指针移到图表的右下角，当指针变成双向箭头形状时，拖动鼠标调整图表的大小。

使图表处于选中的状态，切换到"图表工具 | 设计"选项卡，在"图表布局"组中选择"布局 1"选项，如图 4-40 所示，为图表快速应用样式。将图表标题文本改为"18 软件技术 1 班期末成绩统计图表"。效果如图 4-41 所示。

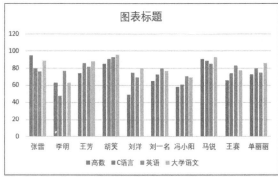

◀ 图 4-39
初步创建的簇
状柱形图

图 4-40 ▶
"图表布局"组

◀ 图 4-41
图表移动和设置
标题后的效果图

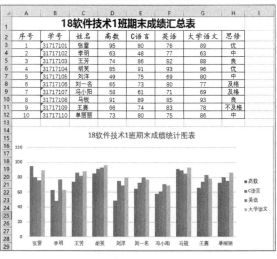

图 4-42 ▶
设置图例

任务 2-2：美化图表

选中图表标题，切换到"开始"选项卡，在"字体"组中单击"字体"的下拉按钮，从下拉列表中选择"微软雅黑"选项，从"字号"的下拉列表框中选择"16"选项，单击"加粗"按钮，撤销其加粗效果。

选中图表，切换到"图表工具 | 设计"选项卡，单击"添加图表元素"按钮，从下拉列表中选择"图像"选项，从其级联菜单中选择"底部"命令，将图例调整到图表底部。

右键单击图表区，从弹出的快捷菜单中选择"设置图表区域格式"命令，打开"设置图表区格式"窗格，单击"填充"按钮，选择"纯色填充"单选按钮，单击"颜色"按钮，从下拉列表中选择"绿色，个性 6，淡色 60%"选项，如图 4-43 所示，完成图表区颜色设置。

用同样的方法设置绘图区的填充为纯色填充，填充颜色为"白色，背景 1"。

右键单击纵向坐标轴，从弹出的快捷菜单中选择"设置坐标轴格式"命令，打开"设置坐标轴格式"窗格。在"坐标轴选项"功能区中，设置"最大值"为"100"，设置"主要单位"为"10"，如图 4-44 所示。单击"关闭"按钮，完成纵坐标轴设置。

图 4-43 ▶
"设置图表区格
式"对话框

图 4-44 ▶
"设置坐标轴格
式"对话框

右键单击横坐标轴，从弹出的快捷菜单中选择"设置坐标轴格式"命令，打开"设置坐标轴格式"窗格。切换到"文本选项"选项卡，单击"文本框"按钮，从"文字方向"的下拉列表中选择"竖排"选项，如图 4-45 所示。单击"关闭"按钮，完成横坐标轴文本对齐方式设置。

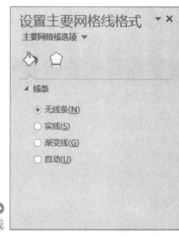

◀ 图 4-45
设置文本对
齐方式

图 4-46 ▶
设置网格线

选中图表中的网格线，在"设置主要网络线格式"窗格中选择"无线条"选项，隐藏绘图区中的网格线。

单击"保存"按钮，保存工作簿文件，完成图表的美化。效果如图 4-47 所示。

图 4-47 ▶
图表美化后的
效果图

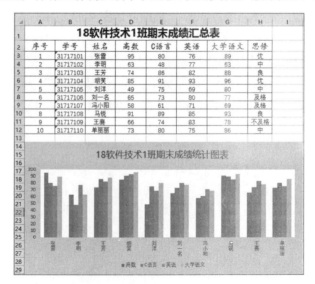

计算机应用基础任务式教程（Windows10+Office2016）

核心知识1：常见图表

图表（Chart）是指利用点、线、面等多种元素，展示统计信息的属性，对知识挖掘和信息直观生动感受起关键作用的图形结构，Excel 2016 图表包括 11 种图表类型：柱形图、折线图、饼图、条形图、XY 散点图、面积图、股份图、曲面图、圆环图、气泡图和雷达图。

柱形图和折线图是最常用的图表类型。柱形图主要表现数据之间的差异，柱形图的变形即为面积图，柱形图旋转 90 度则为条形图。折线图是用直线将各数据点连接起来而组成的图形，以折线方式显示数据的变化趋势。

饼图和圆环图都是展现数据的构成比例的图表。饼图只能展现一组数据，而圆环图可以同时展现多组数据。

XY 散点图和气泡图可以同时设置 X、Y 两个坐标轴的坐标，一般应用于高级图表之中。

股份图、曲面图、雷达图则多用于专业图表。

各种常见图表的应用范围如表 4-2 所示。

表 4-2　常见图表应用范围

应用范围	使用图表类型
数据差异	柱形图、折线图、条形图、面积图
数据变化趋势	柱形图、折线图、条形图、面积图、散点图
数据构成比例	柱形图、饼图、条形图、面积图
数据相关关系	散点图、气泡图
部分数据明线	柱形图、饼图
立体图表	柱形图、折线图、饼图、条形图、面积图

设计完成的图表需要更改图表类型时，可进行如下操作：

选中图表，切换到"图表工具|设计"选项卡，单击"类型"组中的"更改图表类型"按钮，打开"更改图表类型"对话框，如图 4-48 所示。在"图表类型"列表框中选择所需的图表类型，再从右侧的列表框中选择合适的子图表类型，单击"确定"按钮，即可完成图表类型的更改。

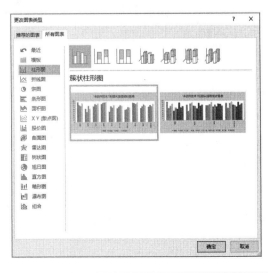

◀ 图 4-48
"更改图表类型"
对话框

核心知识 2：创建图表

Excel 中的图表分为嵌入式图表和图表工作表两种。嵌入式图表是置于工作表中的图表对象，图表工作表是与工作表处于平行地位的图表。

创建图表时，先选定数据区域，切换到"插入"选项卡，在"图表"组中选择所需的图表类型即可。选中创建的图表，功能区将出现"设计""布局""格式"三个选项卡，用于设置图表各部分的格式。

要调整图表的大小时，可将鼠标移到图表边框的控制点上，当鼠标形状变成双向箭头时拖动即可。如需精确设置图表的高度和宽度，可在"格式"选项卡的"大小"组中设置。

移动图表时，单击图表区并按住鼠标左键进行拖动，可实现图表在工作表内的移动。

核心知识 3：修改图表元素

图表中的元素有：图表区、绘图区、图表标题、坐标轴及标题、图例、数据标签、数据系列。对图表中各部分的修改可以通过"图表工具 | 设计"选项卡中的"图表布局"组实现。

❀ 图表区是放置图表及其他元素的背景区域，绘图区是放置图表主体的背景区域。当鼠标移至相应的区域时，鼠标下方会出现"图表区"或"绘图区"的提示信息。需要设置图表区或绘图区格式时，可右击选中的区域，打开"设置图表区格式"对话框或"设置绘图区格式"对话框进行设置。

❀ 图表标题是图表的主题说明文字，位于图表绘图区的正上方。一个完整的图表必须要有图表标题。对图表标题的操作可以通过"图表工具 | 设计"选项卡，在"图表布局"组中单击"添加图表元素"按钮，从下拉列表中选择"图表标题"命令，如图 4-49 所示。可通过此菜单设置图表标题的格式与位置。

❀ 坐标轴是图表中作为数据点参考的两条相交直线，包括坐标轴标题、坐标轴线、刻度线、坐标轴标签、网格线等图表元素。设置坐标轴格式时，可右击坐标轴，从弹出的快捷菜单中选择"设置坐标轴格式"命令，打开"设置坐标轴格式"对话框，如图 4-45 所示。可在其中设置坐标的各元素格式。

❀ 图例中的图标代表着每个不同的数据系列的标识。双击"图例"可打开"设置图例项格式"窗格，如图 4-50 所示。可通过此对话框设置图例的位置、填充等格式。

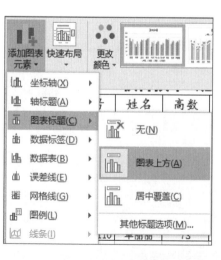

◀ 图 4-49
"图表标题"菜单

图 4-50 ▶
"设置图例格式"
对话框

核心知识 4：图表打印

图表设置完成后，可以在打印之前先进行页面设置。

切换到"页面布局"选项卡，在"页面设置"组（如图 4-51 所示）中单击"纸张大小"按钮，从其下拉列表中可以选择所需的预设纸张大小；单击"纸张方向"按钮，从其下拉列表中可以选择纸张的方向为"横向"或"纵向"。

◀ 图 4-51
"页面设置"
功能组

在"页边距"的下拉列表中可以选择预设的页边距方案，若预设页边距不满足要求，可选择"自定义页边距"选项，打开"页面设置"对话框，如图 4-52 所示。在"页边距"选项卡的"上""下""左""右"微调框中可调整打印数据与页面边缘之间的距离。在"居中方式"组中，选择"水平"复选框将在水平居中位置显示数据，选择"垂直"复选框将在垂直居中位置显示数据。

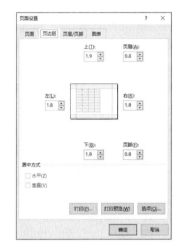

◀ 图 4-52
"页面设置"
对话框

在"页面设置"对话框的"页眉 / 页脚"选项卡中，可以设置页码、页数、当前日期等页眉或页脚内容。

页面设置完成后，选中图表，切换到"文件"选项卡，选择"打印"命令，在 Excel 窗口的右侧显示打印预览画面，如图 4-53 所示。设置打印的页数和份数，单击"打印"按钮，即可实现图表的打印。

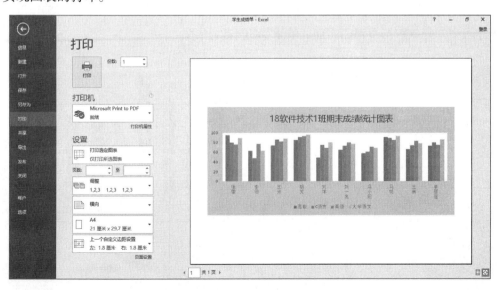

◀ 图 4-53
打印预览图表

核心技巧 1：图表数据添加

向图表中添加数据是绘制图表的基本操作之一。可以通过在数据源中添加数据系列的方法实现图表数据的添加。

如在实例中已创建了单元格区域 C2:D12 的图表，如图 4-54 所示。需要向图表中添加单元格区域 E2:E12 的数据，可进行以下操作：

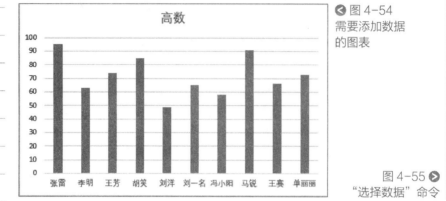

◀ 图 4-54
需要添加数据
的图表

图 4-55 ❯
"选择数据"命令

右击图表，在弹出的快捷菜单中选择"选择数据"命令，如图 4-55 所示。打开"选择数据"对话框，如图 4-56 所示。

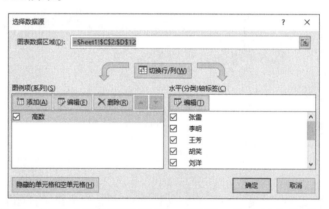

图 4-56 ❯
"选择数据"
对话框

单击"添加"按钮，打开"编辑数据系列"对话框，将光标定位到"系列名称"文本框中，选择单元格 E2，然后删除"系列值"文本框中的"{ 1 }"，再选择单元格区域 E3:E12，如图 4-57 所示。单击"确定"按钮，返回"选择数据源"对话框，再次单击"确定"按钮，返回工作表中，完成数据系列的添加。效果如图 4-58 所示。

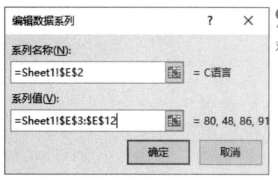

◀ 图 4-57
"编辑数据系列"
对话框

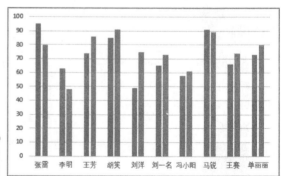

图 4-58 ❯
添加数据之后
的效果图

核心技巧 2：使用迷你图

迷你图是 Excel 2016 中新增的功能，它是显示在工作表单元格中的微型图表，用以直观显示数据，并可以标识出数据的最大值、最小值以及正负点。用户利用迷你图可以查看一系列数据的增减情况，从而对数据进行趋势和变动分析。

迷你图包括三种类型：折线图、柱形图和盈亏图。利用折线迷你图可以显示一系列数据的趋势；利用柱形图可以显示一系列数据的大小；利用盈亏图可以显示一系列数据的盈利情况。迷你图的创建操作方法如下：

打开素材中的工作簿文件"管理费用统计表 .xlsx"，选中单元格 F3，切换到"插入"选项卡，单击"迷你图"组中的"折线图"按钮，打开"创建迷你图"对话框，选择 B3:E3 单元格区域作为数据范围，如图 4-59 所示。单击"确定"按钮，返回工作表，此时就在指定位置生成了折线迷你图。

◀ 图 4-59
"创建迷你图"
对话框

将鼠标移至 F3 单元格的右下角，当鼠标指针变成黑色实心十字形状时，按住鼠标左键向下拖动，利用填充句柄制作 F4:F6 单元格区域的迷你图。

当创建的迷你图类型不能很好地反映数据系列的特点时，可以更改迷你图的类型。选择需要更改的迷你图，切换到"迷你图工具 | 设计"选项卡，如图 4-60 所示，在"类型"组中选择所需的迷你图类型即可。

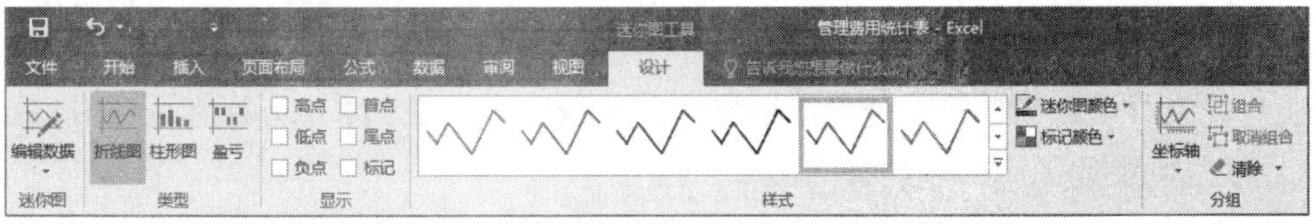

◀ 图 4-60
"迷你图工具 | 设计"选项卡

需要美化迷你图时，可以单击"样式"组的"其他"按钮，从下拉列表中选择美化所需的迷你图样式。

在迷你图中，用户可以通过标记凸显数据大小、盈亏、最高点、最低点等，可以通过勾选"显示"组中的复选框实现。

不需要迷你图时，可以单击"分组"功能组中的"清除"按钮，将其清除。

【真题训练】

训练名称：制作图表

打开素材文件夹中的"excel.xlsx"文件：将 Sheet1 工作表的 A1:E1 单元格合并为一个单元格，内容水平居中；将 A2:E13 数据区域设置为套用表格格式"表样式中等深浅 4"；选取"产品型号"列（A2:A12）和"所占百分比"列（E2:E12）数据区域的内容建立"分离型三维饼图"，图表标题为"销售情况统计图"，图例位于底部；将图表移动到工作表 A15:E30 单元格区域，将工作表命名为"统计表"，保存"excel.xlsx"文件。效果如图 4-61 所示。

图 4-61 ◗
真题训练效果图
（部分）

【**任务拓展**】

任务名称：制作销售统计图表

晨光办公用品经营部为了分析 2018 年的销售情况，需要在"2018 年销售情况统计表"的基础上制作一份销售总额的统计图，以分析各类产品的销售总额情况。具体要求如下：

1）打开素材中的工作簿文件"销售统计表 .xlsx"，以 C2:C12 单元格区域和 H2:H12 单元格区域数据为数据源，创建簇状柱形图。

2）根据图 4-62，为图表添加标题"2018 年销售总额统计图"，字体为"黑体"，字号为"18"，字体颜色为"蓝色"；隐藏图例；适当调整图表大小。

3）根据效果图设置纵坐标轴最大刻度为 200 000，主要刻度为 50 000，网格线线型为"短画线"，宽度为"0.75 磅"。

4）设置图表区为"点式菱形"图案填充；绘图区为"羊皮纸"纹理填充；数据系列为"圆棱台"三维格式。调整图表到 A14:H31 单元格区域。

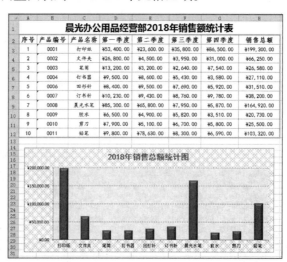

图 4-62 ◗
任务拓展效果图

教学目标	（1）掌握 Excel 2016 中公式的使用 （2）掌握 Excel 2016 中常用函数的使用 （3）掌握 Excel 2016 中单元格的相对引用和绝对引用 （4）掌握数据的选择性粘贴
本单元重点	（1）Excel 2016 中公式的使用 （2）Excel 2016 中常用函数的使用 （3）Excel 2016 中单元格的相对引用和绝对引用 （4）数据的选择性粘贴
本单元难点	（1）Excel 2016 中公式的使用 （2）Excel 2016 中常用函数的使用 （3）Excel 2016 中单元格的相对引用和绝对引用
教学方法	任务驱动法、演示操作法
建议课时	4 课时（含考核评价）

【 任务描述 】

　　18 软件技术 1 班班主任为了对上学期学生成绩进行排名统计，要求学委小王在制作出的学生成绩单汇总表基础上，结合不同课程的学分，利用加权公式求出学生的平均成绩，统计各分数段人数、所占比例、最高分和最低分。之后，将学生的德育、智育、文体成绩按 2:7:1 的比例进行计算，得出总评成绩并排名。小王利用 Excel 中的公式和函数顺利完成了此任务。

【 任务分析 】

　　本任务涉及以下知识点：公式的使用、使用常用函数、选择性粘贴数据、相对引用和绝对引用。

【 任务实施 】

任务 3-1：计算平均成绩

　　打开素材中的工作簿文件"学生成绩单 .xlsx"，切换到"原始成绩单"工作表。在单元格区域 A15:B20 输入如图 4-63 所示的数据。

15	课程名称	学分值
16	高数	4
17	C语言	6
18	英语	4
19	大学语文	2
20	总学分	16

◀ 图 4-63
课程学分表

　　选定 H2 单元格，在其中输入"平均成绩"。按 <Enter> 键，使 H3 单元格成为活动单元格，在其中输入公式" =(D3*\$B\$16+E3*\$B\$17+F3*\$B\$18+G3*\$B\$19)/\$B\$20"。按 <Enter> 键计算出序号为"1"的学生的加权平均成绩。利用控制句柄计算出其他学生的平均成绩。

　　将 A1:H1 单元格区域进行合并居中，设置"平均成绩"列数据保留两位小数，效果如图 4-64 所示。

	A	B	C	D	E	F	G	H
1				18软件技术1班期末成绩汇总表				
2	序号	学号	姓名	高数	C语言	英语	大学语文	平均成绩
3	1	31717101	张雷	95	80	76	89	83.88
4	2	31717102	李明	63	48	70	63	59.13
5	3	31717103	王芳	74	86	82	88	82.25
6	4	31717104	胡笑	90	91	93	96	91.88
7	5	31717105	刘洋	49	75	69	80	67.63
8	6	31717106	刘一名	65	73	80	77	73.25
9	7	31717107	冯小阳	58	61	71	69	63.75
10	8	31717108	马锐	91	89	85	93	89.00
11	9	31717109	王赛	66	74	83	78	74.75
12	10	31717110	单丽丽	73	80	75	86	77.75
13								
14								
15	课程名称	学分值						
16	高数	4						
17	C语言	6						
18	英语	4						
19	大学语文	2						
20	总学分	16						
21								

图 4-64 ◗
计算平均成绩
效果图

任务 3-2：统计分数段人数

在"原始成绩单"表格的单元格区域 L1:N10 建立空白学生成绩分段统计表，为新建表格添加边框、设置水平居中对齐，如图 4-65 所示。

选定 M3 单元格，切换到"公式"选项卡，单击"函数库"组中的"插入函数"按钮，打开"插入函数"对话框，如图 4-66 所示。单击"或选择类别"下拉按钮，并从下拉列表中选择"统计"选项，从"选择函数"的列表框中选择"COUNTIF"选项，单击"确定"按钮，打开"函数参数"对话框。

	L	M	N
	学生成绩分段统计表		
	分数段	人数	所占比例
	90-100分		
	89-89分		
	70-79分		
	60-69分		
	0-59分		
	总计		
	最高分		
	最低分		

◗ 图 4-65
学生成绩分段
统计表

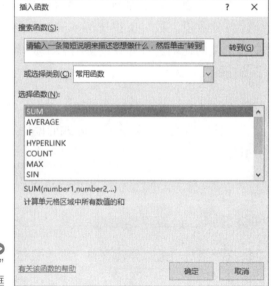

图 4-66 ◗
"插入函数"
对话框

将光标定位于"Range"参数的文本框中，在工作表中选择区域 H3:H12，并按 <F4> 键，对所选区域绝对引用，之后在"Criteria"文本框中输入">=90"，如图 4-67 所示。单击"确定"按钮，返回工作表，此时在单元格 M3 中统计出了 90 分以上学生人数。

在单元格 M4 中输入公式"=COUNTIF($H$3:$H$12,">=80")–COUNTIF($H$3:$H$12,">=90")"，在单元格 M5 中输入公式"=COUNTIF($H$3:$H$12,">=70")–COUNTIF($H$3:$H$12,">=80")"，在单元格 M6 中输入公式"=COUNTIF($H$3:$H$12,">=60")–COUNTIF($H$3:$H$12,">=70")"，在单元格 M7 中输入公式"=COUNTIF($H$3:$H$12,"<60")"，统计出各分数段人数。

◀图 4-67
"函数参数"
对话框

选定 M8 单元格，切换到"公式"选项卡，单击"函数库"组中的"自动求和"按钮，从下拉列表中选择"求和"命令，如图 4-68 所示，计算出总计人数。

选定单元格 N3，输入公式"=M3/$M$8"，按 <Enter> 键计算出"90-100 分"所占比例。利用填充句柄，自动填充其他分数段人数比例。选定单元格区域 N3:N8，切换到"开始"选项卡，单击"数字"组中的"%"按钮并设置保留两位小数。

选定单元格 M9，切换到"公式"选项卡，单击"函数库"组中的"自动求和"按钮，从下拉列表中选择"最大值"命令，修改其参数值为 H3:H12。按 <Enter> 键统计出平均成绩的最高分。用同样的方法，利用 MIN 函数，统计出平均成绩的最低分。

设置单元格的对齐方式。效果如图 4-69 所示。

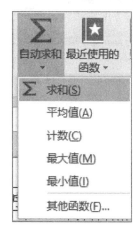

◀图 4-68
"自动求和"
按钮

图 4-69 ▶
学生成绩分段统
计表完成效果图

分数段	人数	所占比例
90-100分	1	10.0%
89-89分	3	30.0%
70-79分	3	30.0%
60-69分	2	20.0%
0-59分	1	10.0%
总计	10	100.0%
最高分	91.88	
最低分	59.13	

学生成绩分段统计表

任务 3-3：计算总评和排名

学生的总评成绩是由德育、智育、文体按 1:7:2 的比例计算的。其中德育成绩为"优""良""合格"三个等级，要将德育成绩参与运算，首先需要将其转换成百分制成绩，"优"的转换成绩为"90"，"良"的转换成绩为"80"，"合格"的转换成绩为"70"。

切换到"德育、文体成绩"工作表，在 D 列和 E 列中间插入一个空白列。

选定单元格 E2，在其中输入文本"德育转换成绩"。按 <Enter> 键，使 E3 单元格成为活动单元格。在其中输入公式"=IF(D3="优",90,IF(D3="良",80,70))"，按 <Enter> 键，得到序号为"1"的学生的百分制转换成绩。利用填充句柄计算出其他学生的德育转换成绩。

将工作簿中的 Sheet1 工作表重命名为"成绩总评及排名"，在单元格 A1 中输入"18 软件技术 1 班期末总评成绩及排名情况表"，在单元格区域 A2:H12 输入如图 4-70 所示的内容，设置表格边框和对齐方式。

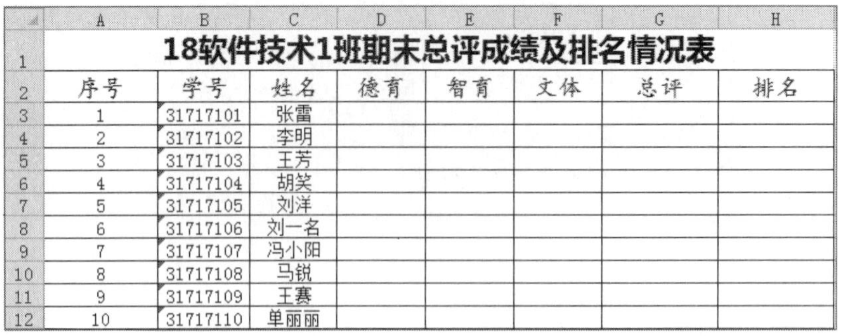

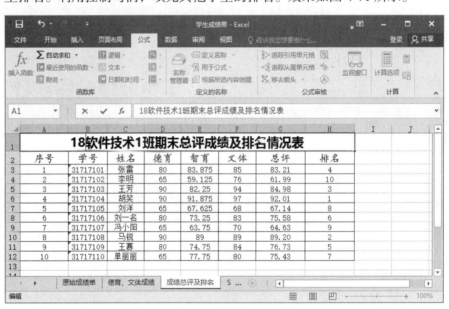

图 4-70 ▶
成绩总评及排名
空白表

切换到"德育、文体成绩"工作表，选择单元格区域 E3:E12，并按 <Ctrl+C> 组合键复制公式。切换到"成绩总评及排名"表，右击单元格 D3，从快捷菜单中选择"粘贴选项"→"值"命令，将"德育"转换成绩复制过来。

用同样的方法将"原始成绩单"工作表中的"平均成绩"复制到"智育"成绩列，将"德育、文体成绩"工作表中的"文体"成绩复制到"文体"成绩列。

选定单元格 G3，并输入公式 "=D3*0.2+E3*0.7+F3*0.1"，按 <Enter> 键计算出序号为"1"的学生的总评成绩。利用控制句柄，填充其他学生的总评成绩。

选定单元格 H3，输入公式 "=RANK(G3,$G$3:$G$12)"，按 <Enter> 键计算出序号为"1"的学生排名。利用控制句柄，填充其他学生的排名。效果如图 4-71 所示。

图 4-71 ▶
表格排名完成后的
效果图

核心知识与技巧

核心知识 1：输入与使用公式

公式是 Excel 工作表中进行数值计算和分析的等式。公式以"＝"开头，由运算项和运算符组成。运算项可以是数值、单元格区域的引用、标志、名称或函数。运算符用于指定要对公式中的运算项执行的计算类型。

✿ 算术运算符：用于对数值数据进行算术运算。包括"＋"（加号）、"－"（减号）、"＊"（乘号）、"/"（除号）、"＾"（乘方号）、"％"（百分号）。

⊛ 比较运算符：用于对两个数值或文本进行比较，结果为逻辑值 TRUE 或 FALSE。包括 ">"（大于号）、"<"（小于号）、"="（等于号）、">="（大于或等于号）、"<="（小于或等于号）、"<>"（不等于号）。

⊛ 文本连接运算符：用于将两个文本连接成一个文本。文本连接运算符只有一个运算符 "&"。

⊛ 引用运算符：用于将两个单元格或单元格区域结合为一个联合引用。包括 ":"（冒号）、","（逗号）、" "（空格）三种符号。

在进行计算时，公式是按照运算符的特定次序从左到右计算的。当公式中同时用到多个运算符时，运算符的运算优先级如表 4-3 所示。

表 4-3 运算符的运算优先级表

优先顺序	运算符
1	:（冒号）、,（逗号）、（空格）
2	^（乘方）
3	-（负号）
4	%（百分号）
5	*（乘号）、/（除号）
6	+（加号）、-（减号）
7	&（文本连接运算符）
8	=（等于号）、>（大于号）、<（小于号）、>=（大于或等于号）、<=（小于或等于号）、<>（不等于号）

用户在输入公式时，既可以在单元格中输入，也可以在编辑栏输入。公式输入完成后，按 <Enter> 键或单击编辑栏上的"输入"按钮就可以返回计算结果。

核心知识 2：单元格引用

单元格引用是指用单元格所在的列标和行号表示其在工作表中的位置。单元格的引用包括相对引用、绝对引用和混合引用 3 种类型。另外，公式还可以引用其他工作表中的数据。

相对引用是指在复制或移动公式时，引用单元格的地址会根据目标单元格的行号和列标的变化而自动调整。

绝对引用是指在复制或移动公式时，不论目标单元格在什么位置，公式中引用单元格的行号和列标均保持不变。其书写格式是在行号和列标前都加上"$"符号，如"$A$2"的形式。

混合引用是一种介于相对引用和绝对引用之间的引用，是指在复制或移动公式时，引用单元格的行号或列标中的一个是相对的，另一个是绝对的。如"$A2"或"A$2"的形式。

将光标移至要转换引用方式的单元格地址处，反复按 <F4> 键，可以在单元格引用的三种方式之间进行切换。练习：利用运算符号和单元格引用生成如图 4-72 所示的九九乘法表。

▲	A	B	C	D	E	F	G	H	I	J
1		1	2	3	4	5	6	7	8	9
2	1	1*1=1	2*1=2	3*1=3	4*1=4	5*1=5	6*1=6	7*1=7	8*1=8	9*1=9
3	2	1*2=2	2*2=4	3*2=6	4*2=8	5*2=10	6*2=12	7*2=14	8*2=16	9*2=18
4	3	1*3=3	2*3=6	3*3=9	4*3=12	5*3=15	6*3=18	7*3=21	8*3=24	9*3=27
5	4	1*4=4	2*4=8	3*4=12	4*4=16	5*4=20	6*4=24	7*4=28	8*4=32	9*4=36
6	5	1*5=5	2*5=10	3*5=15	4*5=20	5*5=25	6*5=30	7*5=35	8*5=40	9*5=45
7	6	1*6=6	2*6=12	3*6=18	4*6=24	5*6=30	6*6=36	7*6=42	8*6=48	9*6=54
8	7	1*7=7	2*7=14	3*7=21	4*7=28	5*7=35	6*7=42	7*7=49	8*7=56	9*7=63
9	8	1*8=8	2*8=16	3*8=24	4*8=32	5*8=40	6*8=48	7*8=56	8*8=64	9*8=72
10	9	1*9=9	2*9=18	3*9=27	4*9=36	5*9=45	6*9=54	7*9=63	8*9=72	9*9=81

◀ 图 4-72
九九乘法表

核心知识 3：使用基础函数

除了用户自己输入的公式之外，Excel 2016 中还预置了一些已定义好的公式，称为函数。函数可以单独使用，也可以在公式中使用。

一般情况下，函数是由函数名和函数参数组成。在使用函数时，所有的函数都要使用括号"（）"，括号中的内容是函数参数。当函数有多个参数时，要使用英文状态下的逗号"，"进行分隔。

在工作表中输入函数的方法有两种，一种是使用插入函数功能输入，另一种是手动输入。如果用户对要使用的函数不是很熟悉，可以使用插入函数功能输入，操作方法如下：

选定需要插入函数的单元格，切换到"公式"选项卡，单击"函数库"组中的"插入函数"按钮，如图 4-73 所示。打开"插入函数"对话框，如图 4-66 所示。

图 4-73 ❯
"插入函数"按钮

在对话框中选择函数的类别，之后从"选择函数"的列表框中选择所需的函数，单击"确定"按钮，打开"函数参数"对话框，如图 4-67 所示。在对话框中设置函数各项参数，设置完成后单击"确定"按钮即可。

Excel 2016 中的基础函数有数学函数、文本函数、逻辑函数和统计函数等。

（1）数学函数

数学函数是指利用数学公式进行简单的计算。

1）SUM 函数。

函数功能：返回多个数值的求和结果。

语法格式：SUM(number1,number2,...)

参数说明：number1,number2,... 为 1 到 255 个待求和的数值。

2）SUMIF 函数。

函数功能：对满足条件的单元格求和。

语法格式：SUMIF(range,criteria,sum_range)

参数说明：range 为用于条件计算的单元格区域；criteria 用于确定对哪些单元格求和及条件；sum_range 为要求和的实际单元格区域。

3）ROUND 函数。

函数功能：返回某个数值按指定位数四舍五入的数字。

语法格式：ROUND(number,num_digits)

参数说明：number 为要四舍五入的数字；num_digits 为要执行四舍五入时采用的位数，如果 num_digits 大于零，则将数字四舍五入到指定的小数位，如果 num_digits 等于零，则将数字四舍五入到最接近的整数，如果 num_digits 小于零，则在小数点左侧进行四舍五入。

（2）文本函数

文本函数是指可以在公式中处理字符串的函数。

1）LEFT 函数。

函数功能：从一个文本字符串的第一个字符开始返回指定个数的字符。

语法格式：LEFT(text,num_chars)

参数说明：text 为包含要提取字符的文本字符串；num_chars 为指定要由 LEFT 提取的字符数量，当 num_chars 大于文本长度时，LEFT 函数返回全部文本。

2）RIGHT 函数。

函数功能：从一个文本字符串的最后一个字符开始返回指定个数的字符。

语法格式：LEFT(text,num_chars)

参数说明：text 为包含要提取字符的文本字符串；num_chars 为指定要由 RIGHT 提取的字符数量。

3）MID 函数。

函数功能：从文本字符串中指定的起始位置起返回指定长度的字符。

语法格式：MID(text,start_num,num_chars)

参数说明：text 为包含要提取字符的文本字符串；start_num 为文本中要提取的第一个字符的位置；num_chars 为指定 MID 从文本中返回字符的个数。

4）LEN 函数。

函数功能：返回文本字符串中的字符个数。

语法格式：LEN(text)

参数说明：text 为要查找其长度的文本，空格将作为字符进行计数。

5）TEXT 函数。

函数功能：根据指定的数字格式将数值转换成文本。

语法格式：TEXT(value,format_text)

参数说明：value 可以是数值、计算结果为数值的公式，或对包含数值的单元格的引用；format_text 为使用双引号括起来作为文本字符串的数字格式。

（3）逻辑函数

逻辑函数是一种用于进行真假值判断或复合检验的函数。

1）IF 函数。

函数功能：判断是否满足条件，然后根据判断结果的真假值返回不同的结果。

语法格式：IF(logical_test,value_if_true,value_if_false)

参数说明：logical_test 是计算结果为 TRUE 或 FALSE 的任意值或表达式；value_if_true 是 logical_test 参数的计算结果为 TRUE 时所要返回的值；value_if_false 是 logical_test 参数的计算结果为 FALSE 时所要返回的值。

2）AND 函数。

函数功能：其所有参数的逻辑值均为 TRUE 则返回 TRUE，只要有一个参数的逻辑值为 FALSE，则返回 FALSE。

语法格式：AND(logical1,logical2,...)

参数说明：logical1,logical2,... 为 1 到 255 个待检测的条件。

3）OR 函数。

函数功能：其参数中任何一个参数的逻辑值为 TRUE 则返回 TRUE，否则返回 FALSE。

语法格式：OR(logical1,logical2,...)

参数说明：logical1,logical2,... 为 1 到 255 个待检测的条件。

4）NOT 函数。

函数功能：对参数值取反，当参数值为 TRUE 时，返回值为 FALSE；当参数值为 FALSE 时，返回值为 TRUE。

语法格式：NOT(logical)

参数说明：logical 是一个可以计算出 TRUE 或 FALSE 的逻辑值或表达式。

（4）统计函数

统计函数是用于对数据区域进行统计分析的函数。

1）RANK 函数。

函数功能：返回查找值在指定数据列表中相对于其他数值的大小排位。

语法格式：RANK(number,ref,order)

参数说明：number 是需要计算排位的一个数字；ref 是包含一组数字或数据系列的引用；order 是指明排位的方式，order 为 0 或忽略，表示按降序排列的数据清单进行排位，如果 order 不为 0，则按升序排列的数据清单进行排位。

2）COUNTIF 函数。

函数功能：计算区域中满足续写条件的单元格的数目。

语法格式：COUNTIF(range,criteria)

参数说明：range 为需要计算其中满足条件的单元格区域；criteria 为确定哪些单元格将被计算在内的条件。

3）MAX 函数。

函数功能：返回一组数中的最大值。

语法格式：MAX(number1,number2,...)

参数说明：number1,number2,... 为要从中找出最大值的 1 到 255 个数值的参数。

4）MIN 函数。

函数功能：返回一组数中的最小值。

语法格式：MIN(number1,number2,...)

参数说明：number1,number2,... 为要从中找出最大值的 1 到 255 个数值的参数。

核心技巧 1：使用名称

名称是用户自己设计，能够进行数据处理的计算式。使用名称可以增强公式的可读性，便于理解，还可以简化公式、便于公式修改。使用名称之前必须先定义。

名称定义的规则如下：

⚙ 必须以字母、汉字或下画线开头，字母不区分大小写。

⚙ 直接定义名称不能包含空格或其他无效字符。

⚙ 定义的名称不能与 Excel 内部名称或工作簿中其他名称冲突。

⚙ 名称的长度不能超过 255 个字符。

名称定义的操作方法如下：

打开素材中的工作簿文件"学生成绩单 .xlsx"，切换到"原始成绩单"工作表，选择单元格区域 D3:D12，切换到"公式"选项卡，单击"定义的名称"组中的"定义名称"按钮，打开"新建名称"对话框。在"名称"的文本框中输入"高数成绩"，如图 4-74 所示。单击"确定"按钮，即可完成名称的定义。

◀图 4-74
"新建名称"
对话框

定义了名称之后，就可以像引用单元格位置那样在公式中使用名称了。如在 D13 单元格中求高数的平均成绩，可以选中 D13 单元格，并在其中输入公式"=AVERAGE(高数成绩)"，按 <Enter> 键，就可以在 D13 单元中求出高数的平均成绩。

核心技巧 2：解决使用函数时产生的错误

如果输入的公式或函数不符合格式或其他要求，单元格中就会出现错误结果。其中，常见的错误值、错误原因和解决方法如表 4-4 所示。

表 4-4　常见的公式错误值、错误原因和解决方法

错误值	错误原因	解决方法
#####	某列不够宽而无法显示单元格内所有字符	增大列宽
#DIV/0!	一个数除以零或不包含任何值的单元格	将除数改为非零值
#N/A	某个值不可用于公式或函数	删除公式中不可用的公式或函数
#NAME?	Excel 无法识别公式中的文本	检查公式中的函数或字符名称是否正确
#NULL!	指定两个不相交区域的交集时，交集运算符是分隔公式中引用的空格字符	更改公式中的单元格引用区域，使引用区域相交
#NUM!	公式或函数中包含无效数值	删除函数或公式中的无效数据即可
#REF！	单元格引用无效	检查是否删除了公式中所引用的单元格
#VALUE!	公式所包含的单元格有不同的数据类型	启动公式错误检查，找出公式中所用的错误类型的数据

【 真题训练 】

训练名称：表格数据计算

打开素材文件夹中的"EXCEL.xlsx"文件，并进行如下的操作：

1）将 Sheet1 工作表的的 A1:D1 单元格合并为一个单元格，内容水平居中；计算职工的平均年龄置于 C13 单元格内（数值型，保留小数点后一位）；计算职称为高工、工程师和助工的人数置于 G5:G7 单元格区域（利用 COUNTIF 函数）。

2）选取"职称"列（F4:F7）和"人数"列（G4:G7）数据区域的内容建立"三维簇状柱形图"，图标题为"职称情况统计图"，删除图例；将图表移动到工作区的 A15:G28 单元格

区域内，将工作表命名为“职称情况统计表”，保存“ EXCEL.xlsx”文件。效果如图 4-75 所示。

某单位人员情况表					
职工号	性别	年龄	职称		
E001	男	34	工程师		
E002	男	45	高工	职称	人数
E003	女	26	助工	高工	3
E004	男	29	工程师	工程师	5
E005	男	31	工程师	助工	2
E006	女	36	工程师		
E007	男	50	高工		
E008	男	42	高工		
E009	女	34	工程师		
E010	女	28	助工		
	平均年龄	35.5			

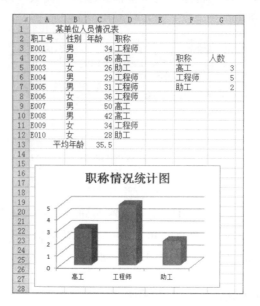

图 4-75 真题训练效果图（部分）

【任务拓展】

任务名称：制作销售统计汇总表

晨光办公用品经营部为了统计各员工的销售情况，需要对 2018 年员工销售情况表进行分析，具体要求如下：

1）计算“销售总额”列内容。

2）在“销售总额”列后添加“销售排名”“销售等级”“获得奖金”三列，利用 RANK 和 IF 函数求出员工的排名和销售等级、获得奖金。

3）调整表格边框与对齐方式，效果如图 4-76 所示。

晨光办公用品经营部2018年员工统计汇总表

序号	产品编号	产品名称	第一季度	第二季度	第三季度	第四季度	销售总额	销售排名	销售等级	获得奖金
1	0001	打印纸	¥53, 400. 00	¥23, 600. 00	¥35, 800. 00	¥86, 500. 00	¥199, 300. 00	1	一级	¥10, 000. 00
2	0002	文件夹	¥26, 800. 00	¥4, 500. 00	¥3, 950. 00	¥31, 000. 00	¥66, 250. 00	4	三级	¥2, 000. 00
3	0003	笔筒	¥13, 200. 00	¥3, 200. 00	¥2, 640. 00	¥7, 540. 00	¥26, 580. 00	8	四级	¥0. 00
4	0004	钉书器	¥9, 500. 00	¥8, 600. 00	¥5, 430. 00	¥3, 580. 00	¥27, 110. 00	7	四级	¥0. 00
5	0006	回形针	¥8, 400. 00	¥9, 500. 00	¥7, 690. 00	¥5, 920. 00	¥31, 510. 00	6	四级	¥0. 00
6	0007	订书针	¥10, 230. 00	¥9, 430. 00	¥8, 760. 00	¥9, 780. 00	¥38, 200. 00	5	四级	¥0. 00
7	0008	晨光水笔	¥85, 300. 00	¥65, 800. 00	¥7, 950. 00	¥5, 870. 00	¥164, 920. 00	2	一级	¥10, 000. 00
8	0009	胶水	¥6, 500. 00	¥4, 900. 00	¥5, 820. 00	¥3, 510. 00	¥20, 730. 00	10	四级	¥0. 00
9	0010	剪刀	¥7, 900. 00	¥5, 100. 00	¥6, 700. 00	¥5, 800. 00	¥25, 500. 00	9	四级	¥0. 00
10	0011	铅笔	¥9, 800. 00	¥78, 630. 00	¥8, 300. 00	¥6, 590. 00	¥103, 320. 00	3	二级	¥5, 000. 00

等级转换与对应奖金表

销售总额	等级	奖金
>150000	一级	10000
>100000	二级	5000
>50000	三级	2000
>0	四级	0

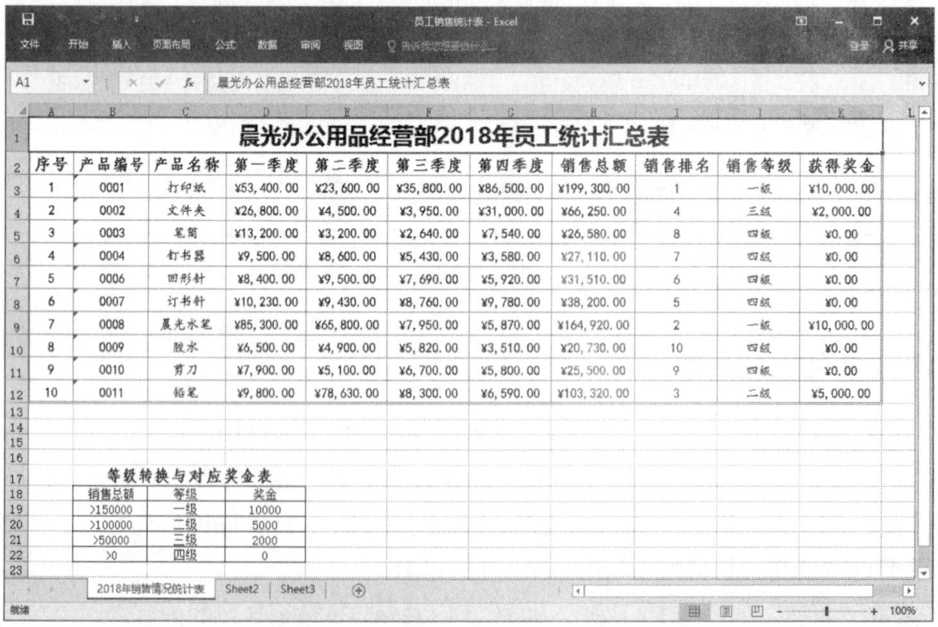

图 4-76 任务拓展效果图

【教学导航】

教学目标	（1）掌握 Excel 2016 中数据的筛选 （2）掌握 Excel 2016 中数据的排序 （3）掌握 Excel 2016 中数据的分类汇总 （4）掌握 Excel 2016 中数据透视表和数据透视图的创建
本单元重点	（1）Excel 2016 中数据的筛选 （2）Excel 2016 中数据的排序 （3）Excel 2016 中数据的分类汇总 （4）Excel 2016 中数据透视表和数据透视图的创建
本单元难点	（1）Excel 2016 中数据的高级筛选 （2）Excel 2016 中数据的分类汇总 （3）Excel 2016 中数据透视表和数据透视图的创建
教学方法	任务驱动法、演示操作法
建议课时	6 课时（含考核评价）

【任务描述】

为了对 18 级学生一个学期的学习情况有一定的了解，18 级年级学习部需要对学生的期末考试成绩进行分析，包括筛选出 C 语言课程前 5 名的同学、筛选出 C 语言或高数成绩在 90 分以上的同学、分类汇总出各班级各门课程的平均分、以班级和课程成绩创建数据透视表。

经过详细分析，小王利用 Excel 2016 的数据管理功能，完成了此任务。

【任务分析】

本任务涉及以下知识点：自动筛选和高级筛选、排序、分类汇总、创建数据透视表。

【任务实施】

任务 4-1：学生成绩筛选

打开素材中的工作簿文件"学生成绩单 .xlsx"，切换到"原始成绩单"工作表，将鼠标移到工作表标签上，按住 <Ctrl> 键对工作表进行复制，并将复制后的工作表重命名为"原始成绩数据筛选"。

切换到"原始成绩数据筛选"工作表，将光标定位于数据区域之中，切换到"数据"选项卡，在"排序和筛选"组中单击"筛选"按钮，如图 4-77 所示，进入筛选状态。

◀ 图 4-77
"筛选"按钮

单击标题字段"C 语言"右侧的"自动筛选"按钮，从下拉列表中选择"数据筛选"→"10 个最大的值"选项，如图 4-78 所示，打开"自动筛选前 10 个"对话框。

图 4-78
"数字筛选"列表

图 4-79
"自动筛选前 10
个"对话框

保持左侧下拉列表框内容不变，将中间微调框的值设置为"5"，如图 4-79 所示。单击"确定"按钮，即可得到"C 语言"课程排在前 5 名的学生的成绩情况，如图 4-80 所示。

图 4-80
指定筛选"C 语言"成绩前 5 名后的效果图

	A	B	C	D	E	F	G	H
1				18级学生期末成绩汇总表				
2	序号	班级	学号	姓名	高数	C语言	英语	大学语文
15	13	网络1班	33017103	张杨	74	93	49	91
26	24	网络1班	33017109	李源远	89	91	63	80
27	25	软件1班	31717104	胡笑	90	91	93	96
29	27	应用1班	35017104	刘名	91	93	96	85
30	28	应用1班	35017108	孙小双	93	95	82	91

由于自动筛选各条件之间是并列的关系，要筛选 C 语言或高数成绩在 90 分以上的同学，不能利用自动筛选实现，此时需要使用高级筛选。

切换到"数据"选项卡，单击"排序和筛选"组中的"筛选"按钮，撤销自动筛选状态。选中单元格区域 E2:F2，将其复制到单元格区域 J2:K2 中。在单元格 J3 中输入" >=90"，在单元格 K4 中输入">=90"。

将光标移到数据区域之中，切换到"数据"选项卡，单击"排序和筛选"组中的"高级"按钮，打开"高级筛选"对话框。选中"将筛选结果复制到其他位置"单选按钮，保持"列表区域"默认值不变，设置"条件区域"文本框内容为 J2:K4，之后将光标定位于"复制到"的文本框，选择 J6 单元格，如图 4-81 所示。

图 4-81
"高级筛选"对话框

	J	K	L	M	N	O	P	Q
1								
2	高数	C语言						
3	>=90							
4		>=90						
5								
6	序号	班级	学号	姓名	高数	C语言	英语	大学语文
7	13	网络1班	33017103	张杨	74	93	49	91
8	24	网络1班	33017109	李源远	89	91	63	80
9	25	软件1班	31717104	胡笑	90	91	93	96
10	26	软件1班	31717108	马锐	91	89	85	93
11	27	应用1班	35017104	刘名	91	93	96	85
12	28	应用1班	35017108	孙小双	93	95	82	91
13	29	网络1班	33017108	江明	93	83	89	74
14	30	软件1班	31717101	张雷	95	80	76	89

图 4-82
高级筛选结果

单击"确定"按钮，筛选出高数成绩在 90 以上或 C 语言成绩在 90 分以上的学生成绩，如图 4-82 所示。

任务 4-2：学生成绩分类汇总

复制"原始成绩单"工作表，并将复制后的工作表重命名为"原始成绩数据分类汇总"。将光标定位于数据区域之中，切换到"数据"选项卡，单击"排序和筛选"组中的"排

计算机应用基础任务式教程（Windows10+Office2016）

序"按钮，打开"排序"对话框。从"主要关键字"的下拉列表框中选择"班级"，从"次序"的下拉列表框中选择"升序"，如图4-83所示。单击"确定"按钮，完成排序操作。

◀图4-83
"排序"对话框

将光标定位于数据区域之中，切换到"数据"选项卡，单击"分级显示"组中的"分类汇总"按钮，如图4-84所示，打开"分类汇总"对话框。

◀图4-84
"分类汇总"按钮

从"分类字段"的下拉列表框中选择"班级"选项，从"汇总方式"的下拉列表框中选择"平均值"选项，从"选定汇总项"的列表框中选中"高数""C语言""英语""大学语文"复选框，保持"替换当前分类汇总""汇总结果显示在数据下方"复选框处于选中状态，如图4-85所示。

单击"确定"按钮，完成按班级分类汇总各科平均值的操作，如图4-86所示。

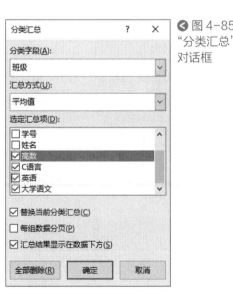

◀图4-85
"分类汇总"
对话框

18级学生期末成绩汇总表

序号	班级	学号	姓名	高数	C语言	英语	大学语文
2	软件1班	31717105	刘洋	49	75	69	80
3	软件1班	31717107	冯小阳	58	61	71	69
5	软件1班	31717102	李明	63	48	70	63
7	软件1班	31717106	刘一名	65	73	80	77
8	软件1班	31717109	王赛	66	74	83	78
11	软件1班	31717107	单丽丽	73	80	75	86
12	软件1班	31717103	王芳	74	86	82	88
25	软件1班	31717104	胡笑	90	91	93	96
26	软件1班	31717108	马锐	91	89	85	93
30	软件1班	31717101	张雷	95	80	76	89
	软件1班 平均值			72.4	75.7	78.4	81.9
4	网络1班	33017101	李晓丽	61	70	74	48
6	网络1班	33017110	戴志	63	66	88	68
10	网络1班	33017106	孙明	70	71	91	61
13	网络1班	33017103	张杨	74	93	49	91
15	网络1班	33017105	冯小帆	76	80	58	73
18	网络1班	33017104	杨东	80	69	65	75
19	网络1班	33017107	张傅	82	85	66	89
23	网络1班	33017102	李丽	89	82	90	86
24	网络1班	33017109	李源远	89	91	63	80
29	网络1班	33017108	江明	93	83	89	74
	网络1班 平均值			77.7	79	73.3	74.5
1	应用1班	35017102	王涛	48	70	88	80
9	应用1班	35017107	孙双	69	88	48	58
14	应用1班	35017105	马阳	75	89	53	49
16	应用1班	35017106	李锐	77	63	65	65
17	应用1班	35017109	叶龙	78	63	91	66
20	应用1班	35017103	李笑	86	82	97	71
21	应用1班	35017101	赵青	86	74	65	79
22	应用1班	35017101	王源	87	76	85	69
27	应用1班	35017104	刘名	91	93	96	85
28	应用1班	35017108	孙小双	93	95	82	91
	应用1班 平均值			79	79.3	77	71.3
	总计平均值			76.36667	78	76.23333	75.9

图4-86 ◉
"分类汇总"
效果图

任务 4-3：创建学生成绩的数据透视表

切换到"原始成绩单"工作表，将光标置于数据区域之中。切换到"插入"选项卡，单击"表格"组中的"数据透视表"按钮，从下拉列表中选择"数据透视表"选项，如图 4-87 所示。打开"创建数据透视表"对话框，如图 4-88 所示。

◀ 图 4-87
"数据透视表"
按钮

图 4-88 ▶
"创建数据透视表"
对话框

保持其中默认选项不变，单击"确定"按钮，进入数据透视表设计界面，如图 4-89 所示。

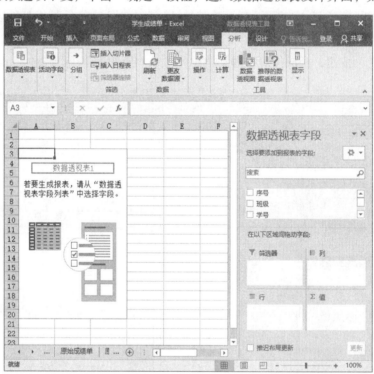

图 4-89 ▶
数据透视表
设计界面

在"数据透视表字段列表"窗格中，在"选择要添加到报表的字段"中选中"班级"字段，按住鼠标左键将其拖动到"行标签"列表框中，将"高数"拖动到"数值"列表框中。单击"数值"列表框中的"求和项：高数"选项，从弹出的快捷菜单中选择"值字段设置"命令，打开"值字段设置"对话框。在"值汇总方式"选项卡中，选择"值字段汇总方式"列表框中的"平均值"选项，如图 4-90 所示。单击"确定"按钮，返回工作表。

用同样的方法分别将"C语言""英语""大学语文"字段拖动到"数值"列表框中，并设置其"值汇总方式"为"平均值"。

计算机应用基础任务式教程（Windows10+Office2016）

选中数据透视表的任意单元格，切换到"设计"选项卡，单击"数据透视表格式"组的"其他"按钮，从下拉列表中选择"数据透视表样式浅色14"选项，如图4-91所示。

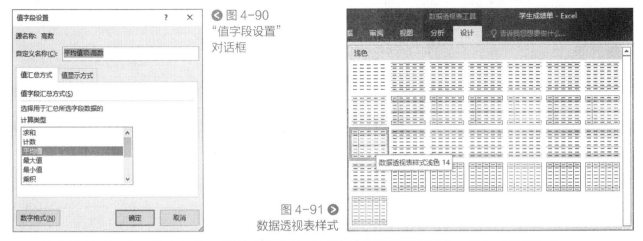

图4-90
"值字段设置"
对话框

图4-91
数据透视表样式

单击数据透视表工作表标签，将其重命名为"原始成绩数据透视表"。单击"保存"按钮，保存工作簿文件，完成数据透视表创建，效果如图4-92所示。

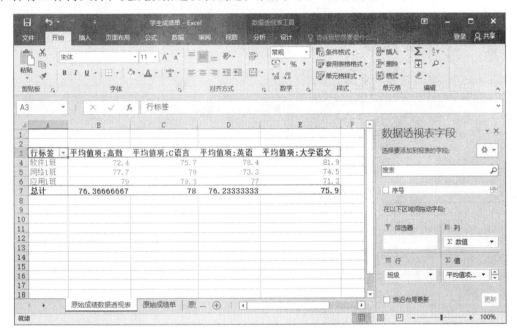

图4-92
数据透视表完成
的效果图

核心知识
与技巧

核心知识1：使用数据记录单

当对一张数据量特别大的工作表进行数据录入操作时，由于工作表的行和列都比较多，用户常需要拖动滚动条来完成操作，既费时又容易出错，此时利用记录单在一个小窗口中完成数据录入操作就比较方便了。默认情况下，记录单按钮不出现在功能区中，需要先将其添加到"数据"选项卡中。操作方法如下：

打开素材中的工作簿文件"学生成绩单.xlsx"，切换到"文件"选项卡，单击"选项"命令，打开"Excel选项"对话框。选择对话框左侧的"自定义功能区"选项，从"从下列位置选择命令"下拉列表中选择"不在功能区中的命令"选项，之后从下方的列表框中选择

"记录单"选项，选中"自定义功能区"下方列表框中的"数据"选项，单击"新建组"按钮，在"数据"选项卡中新建组，单击"添加"按钮，将"记录单"添加到"新建组"中，如图4-93所示。单击"确定"按钮，即可完成记录单的添加。

图 4-93 ▶
添加记录单

记录单添加完成后，选中A33单元格，切换到"数据"选项卡，单击"新建组"中的"记录单"按钮，如图4-94所示。打开"原始成绩单"对话框，如图4-95所示。

图 4-94 ▶
"记录单"按钮

◀ 图 4-95
"原始成绩单"
对话框

图 4-96 ▶
输入新数据

单击对话框中的"新建"按钮，在对话框中输入如图4-96所示的内容。单击"关闭"按钮，返回工作表就可以看到新的数据已添加到工作表中，如图4-97所示。

图 4-97 ▶
利用记录单添加数据后的效果图

30	28	应用1班	35017108	孙小双	93	95	82	91
31	29	网络1班	33017108	江明	93	83	89	74
32	30	软件1班	31717101	张雷	95	80	76	89
33	31	软件2班	31717201	李阳	85	67	95	75

核心知识2：数据排序

通常情况下，录入表格中的数据都是杂乱无章的。当用户需要分析数据时，可以通过Excel提供的排序功能来进行排序。

计算机应用基础任务式教程（Windows10+Office2016）

排序是指按指定字段的值重新调整记录的顺序。按照数字的由小到大或按照文本拼音字母顺序或按照日期从早到晚进行的排序称为升序，反之称为降序。Excel 中的排序有简单排序和多关键字排序两种。

简单排序也称单一字段排序，是对表格中的数据按某一行或某一列进行的升序或降序排列。以"学生成绩单"为例，简单排序的操作方法如下：

将光标定位于"C 语言"列的单元格中，切换到"数据"选项卡，单击"排序和筛选"组中的"降序"按钮，如图 4-98 所示。此时工作表中的数据就按"C 语言"成绩的由高到低进行排列。

◀ 图 4-98
"降序"按钮

多关键字排序是指通过"主要关键字"和"次要关键字"来设置排序条件，数据首先按照主要关键字来排序，当排序结果相同时，再按照次要关键字进行排序。次要关键字可设置为多个。以"学生成绩单"为例，多关键字排序的操作方法如下：

将光标定位于数据区域的任意单元格中，切换到"数据"选项卡，单击"排序和筛选"组中的"排序"按钮，打开"排序"对话框。单击"主要关键字"右侧的下拉按钮，从下拉列表中选择"班级"选项，单击"次序"下方的下拉按钮，从下拉列表中选择"升序"选项；之后单击"添加条件"按钮，添加次要条件，单击"次要关键字"右侧的下拉按钮，从下拉列表中选择"高数"选项，单击"次序"的下拉按钮，从下拉列表中选择"降序"选项，如图 4-99 所示。

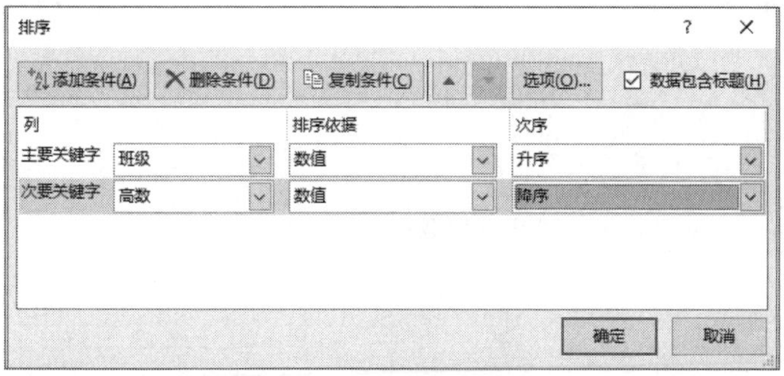

◀ 图 4-99
设置多关键字后的
"排序"对话框

单击"确定"按钮，即可看到表格内的数据按"班级"从小到大排列，当"班级"相同时，按"高数"成绩从高到低排列。

在"多关键字"排序中，用户可以自行定义排序序列，也叫作"自定义"排序。在打开的"排序"对话框中，单击"次序"下方的下拉按钮，从下拉列表中选择"自定义"选项，即可打开"自定义序列"对话框，如图 4-100 所示。在"输入序列"文本框中输入自定义序列，单击"添加"按钮，将序列添加到"自定义序列"列表框中，单击"确定"按钮，返回"排序"对话框，再次单击"确定"按钮，表格中的数据就可以按照自定义的序列排列了。

图 4-100 ➡️
"自定义序列"
对话框

核心知识 3：数据筛选

在一张大型的工作表中，如果要找到某几项符合一定条件的数据比较麻烦，利用 Excel 中的数据筛选功能，系统会按照要求迅速找出符合条件的数据记录。数据筛选就是只显示指定条件的数据行，隐藏不符合条件的数据行。Excel 中的数据筛选有自动筛选和高级筛选两种。

自动筛选一般用于简单的条件筛选，筛选时将不满足条件的数据暂时隐藏起来，只显示符合条件的数据。以"学生成绩单"为例，自动筛选的操作方法如下：

单击表格数据区域的任意单元格，切换到"数据"选项卡，单击"排序和筛选"组中的"筛选"按钮，如图 4-77 所示。表格的每个列标题右侧将显示"自动筛选"箭头按钮，表示表格已启动筛选功能。单击"班级"字段右侧的箭头按钮，从下拉列表中取消勾选"网络 1 班"和"应用 1 班"复选框，如图 4-101 所示。

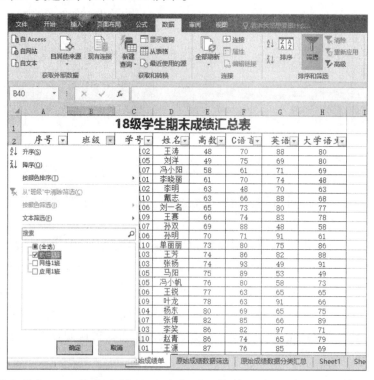

图 4-101 ➡️
设置自动筛选条件

单击"确定"按钮，工作表中就只显示出了"软件 1 班"学生的成绩情况，如图 4-102 所示。

◀图 4-102
自动筛选结果

如果要取消对某一列进行的筛选，单击该列的"自动筛选箭头"按钮，从下拉列表中勾选"全选"按钮，然后单击"确定"按钮即可。如果要取消自动筛选的状态，再次单击"排序和筛选"组中的"筛选"按钮，就可以退出自动筛选的状态。

高级筛选一般用于条件比较复杂的筛选操作，当用户需要进行多条件筛选并且筛选条件之间是"或"关系，即筛选条件只需满足其中一个筛选条件时，可以使用高级筛选实现。需要注意的是，在高级筛选之前必须先设置筛选条件区域。以"学生成绩单"为例，高级筛选的操作方法如下：

复制需要设置筛选条件的列标题，并在其下方输入筛选条件，如图 4-103 所示。

◀图 4-103
设置高级筛
选条件区域

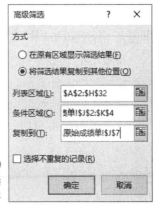

图 4-104 ▶
设置高级筛选
条件

将光标定位于数据区域之中，切换到"数据"选项卡，在"排序和筛选"组中单击"高级"按钮，打开"高级筛选"对话框，系统会自动将"列表区域"设置为 A2:H32 单元格区域，单击"条件区域"后的文本框，利用鼠标选择 J2:K4 单元格区域，选中"将筛选结果复制到其他位置"单选按钮，然后将光标定位到"复制到"后的文本框中，选择 J7 单元格，单击"确定"按钮，就会在表格中以 J7 单元格为起始单元格的区域显示出"班级"为"软件1班"或"大学语文"成绩在 85 分及以上的学生成绩数据。

在进行高级筛选时需要注意以下几点：

❀ 设置高级筛选的条件区域时，条件区域与数据区域至少要间隔一行或一列。

❀ 条件区域中的列标题与数据区域的列标题必须完全相同，条件区域中不必包含数据区域的所有列标题。

⊛ 条件区域中的条件在同一行时表示条件之间的关系是逻辑"与"关系，在不同行表示逻辑"或"关系。

⊛ 条件区域使用空白单元格作为条件时，表示任意数据内容均满足条件。

核心知识 4：数据分类汇总

分类汇总是指按某一字段的内容进行分类，并对每一类统计出相应的结果数据。Excel提供了多种汇总方式，如求和、平均值、计数、最大值、方差等。对数据进行分类汇总前，首先要对数据进行排序。

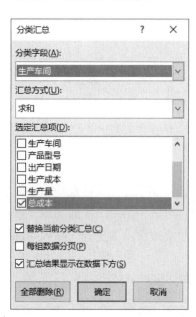

图 4-105 ❯
设置分类汇总字段

打开素材中的"员工销售业绩表"，切换到"企业产品生产单"工作表。单击表格数据"生产车间"列的任意单元格，切换到"数据"选项卡，单击"排序与筛选"组的"升序"按钮，对表格中的数据按"生产车间"排序。单击"分级显示"组中的"分类汇总"按钮，打开"分类汇总"对话框，从"分类字段"的下拉列表中选择"生产车间"选项，从"汇总方式"的下拉列表中选择"求和"选项，从"选定汇总项"列表框中勾选"总成本"复选框，保持"替换当前分类汇总"复选框和"汇总结果显示在数据下方"复选框处于选中状态，如图 4-105 所示。单击"确定"按钮，即可看到表格中的数据按照生产车间分类汇总出了各车间的总成本之和。

当用户不再需要创建的分类汇总时，打开"分类汇总"对话框，单击"全部删除"按钮，单击"确定"按钮返回工作表，工作表就可以恢复分类汇总之前的状态。

当分类汇总需要包含多个字段时，就需要进行分类汇总的嵌套，以素材中的"企业产品生产单"为例，分类汇总嵌套操作方法如下：

打开"分类汇总"对话框，单击"全部删除"按钮，删除之前的分类汇总。

将光标定位于数据区域中，对表格数据按主关键字"产品名称"升序、次要关键字"生产车间"升序排序。之后打开"分类汇总"对话框，设置"分类字段"为"产品名称"、"汇总方式"为"求和"、"选定汇总项"为"总成本"，单击"确定"按钮，完成按"产品名称"进行的分类汇总。

再次打开"分类汇总"对话框，设置"分类字段"为"生产车间"，保持"汇总方式"和"选定汇总项"内容不变，取消"替换当前分类汇总"复选框的选中，单击"确定"按钮，即可完成分类汇总的嵌套操作，效果如图 4-106 所示。

1 2 3 4		A	B	C	D	E	F	G	H
	1				企业产品生产单				
	2	序号	产品名称	生产车间	产品型号	出产日期	生产成本	生产量	总成本
	3	061	短脉冲激光器	1车间	4nic-dc	3/14	¥25,000	13	¥325,000
	4	083	短脉冲激光器	1车间	4nic-xs	3/16	¥25,000	32	¥800,000
	5	094	短脉冲激光器	1车间	sdli-83457	3/15	¥25,000	32	¥800,000
	6	116	短脉冲激光器	1车间	ll-65s	3/18	¥25,000	16	¥400,000
	7	138	短脉冲激光器	1车间	ll-65s	3/14	¥25,000	12	¥300,000
	8	171	短脉冲激光器	1车间	4nic-dc	3/16	¥25,000	21	¥525,000
	9	193	短脉冲激光器	1车间	sid-la	3/18	¥25,000	15	¥375,000
	10	215	短脉冲激光器	1车间	sdifeih	3/16	¥25,000	12	¥300,000
	11	226	短脉冲激光器	1车间	4nic-xs	3/14	¥25,000	12	¥300,000
	12	248	短脉冲激光器	1车间	ups-ax	3/17	¥25,000	45	¥1,125,000
	13	259	短脉冲激光器	1车间	sdifeih	3/14	¥25,000	13	¥325,000
	14	292	短脉冲激光器	1车间	4nic-xs	3/16	¥25,000	21	¥525,000
	15	336	短脉冲激光器	1车间	sdli-83457	3/18	¥25,000	11	¥275,000
	16			1车间 汇总					¥6,375,000
	17	006	短脉冲激光器	2车间	sid-la	3/15	¥25,000	12	¥300,000
	18	017	短脉冲激光器	2车间	sdli-83457	3/18	¥25,000	15	¥375,000
	19	028	短脉冲激光器	2车间	sdli-83457	3/14	¥25,000	13	¥325,000
	20	039	短脉冲激光器	2车间	ll-65s	3/14	¥25,000	12	¥300,000
	21	050	短脉冲激光器	2车间	sid-la	3/15	¥25,000	32	¥800,000
	22	072	短脉冲激光器	2车间	sdifeih	3/14	¥25,000	16	¥400,000
	23	127	短脉冲激光器	2车间	ll-65s	3/16	¥25,000	21	¥525,000
	24	182	短脉冲激光器	2车间	ll-65s	3/14	¥25,000	12	¥300,000
	25	270	短脉冲激光器	2车间	sid-la	3/14	¥25,000	11	¥275,000
	26	281	短脉冲激光器	2车间	ups-ax	3/15	¥25,000	17	¥425,000
	27	314	短脉冲激光器	2车间	sdifeih	3/16	¥25,000	16	¥400,000
	28	347	短脉冲激光器	2车间	sdifeih	3/14	¥25,000	16	¥400,000
	29			2车间 汇总					¥4,825,000
	30	105	短脉冲激光器	3车间	sid-la	3/18	¥25,000	13	¥325,000

◀ 图 4-106
分类汇总嵌套效果

核心知识 5：建立数据透视表

数据透视表是一种交互式表格，它具有强大的透视和筛选功能，在分析数据信息的过程中经常会用到。以素材中的"企业产品生产单"为例，建立数据透视表的操作方法如下：

将光标定位于数据区域的任意单元格，切换到"插入"选项卡，单击"表格"组中的"数据透视表"按钮，从弹出的下拉列表中选择"数据透视表"选项，打开"创建数据透视表"对话框，保持对话框内的设置不变，单击"确定"按钮，此时系统会自动在新的工作表中创建一个数据透视表的框架，并出现"数据透视表字段列表"任务窗格。

将"生产车间"字段拖动到"列标签"，将"产品名称"字段拖动到"行标签"，将"总成本"字段拖动到"数值"区域，如图 4-107 所示，就完成了数据透视表的创建。

数据透视表窗格中的"行标签"用于显示透视表左侧的行，"列标签"用于显示透视表顶部的列，"数值"区域中的字段用于显示汇总数值数据，"报表筛选"用于显示控制整个透视表的显示情况。若要删除某个数据透视表字段，在"数据透视表字段列表"窗格中，撤销选中"选择要添加到报表的字段"列表框中的相应复选框即可。

图 4-107
设置数据透视表
各标签

图 4-108
"行标签"下拉
菜单

数据透视表创建完成后，还可以调整数据透视表中显示项目中的数据、调整字段顺序等，操作方法如下：

单击已创建数据透视表中的"行标签"箭头按钮，弹出如图4-108所示的下拉菜单。取消勾选"飞秒激光器"和"光栅"复选框，就可以在数据透视表中将这两种产品的数据隐藏，勾选"全选"复选框就可以显示全部产品的总成本信息。需要调整字段顺序时，可以单击下拉列表中的"升序"或"降序"按钮，此时透视表中的数据就可以按产品名称的字母升序或降序进行排列显示。

需要修改数据透视表样式时，选中数据透视表中的任意单元格，切换到"数据透视表工具 | 设计"选项卡，单击"数据透视表样式"组右下角的"其他"按钮，从弹出的下拉列表中选择合适的数据透视表样式，如图4-91所示，即可完成数据透视表样式的修改。

数据透视图是数据透视表的图形表示形式，其图表类型有柱形图、条形图、折线图、饼图等。利用已创建的数据透视表可以很快完成数据透视图的创建。操作方法如下：

选中数据透视表中的任意单元格，切换到"数据透视表工具 | 选项"选项卡，单击"工具"组中的"数据透视图"按钮，弹出"插入图表"对话框，从中选择要插入的数据透视图的类型，如"簇状柱形图"。单击"确定"按钮，即可在工作表中插入一个簇状柱形图，如图4-109所示。

计算机应用基础任务式教程（Windows10+Office2016）

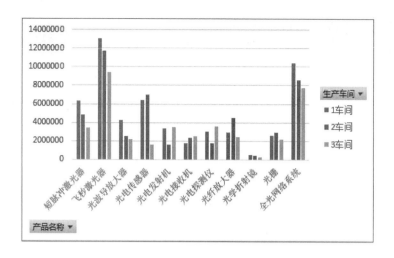

◀ 图 4-109
数据透视图

核心技巧 1："笔画"排序

Excel 中默认对文本的排序是按字母顺序排列，但在许多情况下，对表格中的数据要求不仅便于检索，还要按汉字笔画顺序进行排序。

以"学生成绩单"为例，按"笔画"排序的操作方法如下：

单击"原始成绩单"工作表数据区域的任意单元格，切换到"数据"选项卡，单击"排序和筛选"组中的"排序"按钮。打开"排序"对话框，选择主要关键字为"姓名"，排序依据为"数值"，次序为"升序"，之后单击"选项"按钮，如图 4-110 所示。打开"排序选项"对话框，选择"方法"选项区域的"笔画排序"单选按钮，如图 4-111 所示。单击"确定"按钮返回"排序"对话框，再次单击"确定"按钮，返回工作表，此时表格中的数据已按"姓名"列的笔画升序排列。

◀ 图 4-110
"排序"对话框中的"选项"按钮

图 4-111 ▶
"排序选项"对话框

按姓氏笔画排列的排序规则是这样的：在排列姓名顺序时，首先按姓的笔画数进行排列，笔画数少的排在前面，笔画数多的排在后面；当笔画数相同时，按姓的起笔排列，一般是按横、竖、撇、点、折的顺序排列；当出现同姓时，按照姓后面的第一个字进行排列，规则与姓排序一样。

【真题训练】

训练名称：表格数据分析

打开素材中的工作簿文件 "exc.xlsx"，对工作表"产品销售情况表"内数据清单的内容按主要关键字"产品名称"的降序次序和次要关键字"分公司"的降序次序进行排序，以"产品名称"为汇总字段，完成对各产品销售额总和的分类汇总，汇总结果显示在数据下方，工作表名不变，保存 "exc.xlsx" 工作簿，效果如图 4-112 所示。

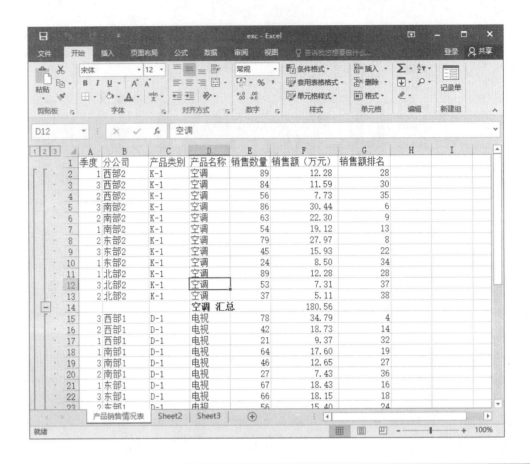

图 4-112 ➡
真题训练效果图
（部分）

○─【任务拓展】────────────────────

任务名称：分析员工销售业绩表

启晨电器销售有限公司为了更确切地掌握员工销售情况，需要在员工销售情况表中进行以下数据分析操作：

打开素材中的工作簿文件"员工销售业绩表"。

1）复制"员工销售情况表"，并将复制后的表格重命名为"员工销售情况自动筛选"，筛选出"北京分部"和"上海分部"的"空调"和"液晶电视"的销售数据。

2）复制"员工销售情况表"，并将复制后的表格重命名为"员工销售情况高级筛选"，在原有数据区域筛选出"青岛分部"或"手机"的销售数据。

3）复制"员工销售情况表"，并将复制后的表格重命名为"员工销售情况分类汇总"，分类汇总出不同销售区域中不同产品销售的平均销售额。

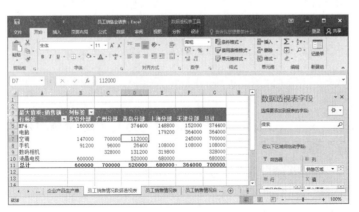

图 4-113 ➡
任务拓展效果图
（部分）

4）为"员工销售情况表"创建数据透视表，透视表中的行标签为"产品名称"，列标签为"销售区域"，数值字段为"销售额"，设置"销售额"的汇总方式为"最大值"，将数据透视表重命名为"员工销售情况数据透视表"，效果如图 4-113 所示。

第 5 单元

PowerPoint 2016
演示文稿制作软件

　　PowerPoint 简称 PPT，是当今使用率非常高的一款办公软件。一个优秀的 PPT 可以直观地表达演示者的观点，让观众容易接受演示者要表达的内容。本单元通过典型案例，介绍了使用 PowerPoint 2016 创建和管理演示文稿的基本方法，幻灯片的外观设计、动画设置、切换效果的运用等内容。

[教学导航]

教学目标	（1）熟悉 PowerPoint 2016 的工作界面 （2）掌握 PowerPoint 2016 的基本操作与技巧 （3）掌握 PowerPoint 2016 中表格的基本操作与技巧 （4）掌握 PowerPoint 2016 中的图文混排
本单元重点	（1）PowerPoint 2016 的基本操作 （2）PowerPoint 2016 母版的基本操作 （3）PowerPoint 2016 中多媒体元素的使用
本单元难点	PowerPoint 2016 母版的使用
教学方法	任务驱动法、演示操作法
建议课时	6 课时（含考核评价）

[任务描述]

易百米公司是一家将高校、物流和电商整合在一起，将物流企业的物流服务与电商产品的产品优选相结合的大学生创业企业。为了推广成功经验，刘经理需要做一个汇报，公关部小潘负责制作本次活动的演示文稿。

[任务分析]

易百米公司创业典型实例演示文稿的完成涉及以下知识点：PowerPoint 2016 界面，PPT 页面设置、插入文本与图形、插入图片与多媒体的方法，设置文本母版的结构认识，模板的制作与使用等。模板对 PPT 来讲就是它的外包装，一个 PPT 的模板至少包括三个子版式：封面版式、目录或转场版式、内容版式。封面版式主要用于 PPT 的封面，转场版式主要用于章节封面，内容版式主要用于 PPT 的内容页面。其中封面版式与内容版式一般都是必需的，而较短的 PPT 可以不设计转场页面。

[任务实施]

任务 1-1：PPT 的创建与页面设置

1）执行"开始"→"Microsoft PowerPoint 2016"命令启动 PowerPoint 2016，新创建一个演示文稿文档。

2）执行"文件"→"另存为"命令，将文件保存为"易百米快递公司介绍 - 模板 .pptx"。

3）选择"设计"选项卡；在"设计"组中单击"页面设置"按钮，如图 5-1 所示，弹出"页面设置"对话框，"幻灯片大小"设置如图 5-2 所示，宽度为 33.86 厘米，高度为 19.05 厘米。

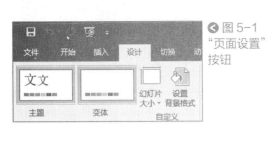

图 5-1
"页面设置"
按钮

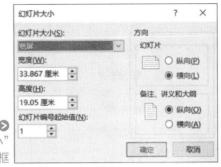

图 5-2
"幻灯片大小"
对话框

任务 1-2：认识幻灯片母版

1）选择"视图"选项卡，在"母版视图"组中，单击"幻灯片母版"按钮，如图 5-3 所示。

图 5-3
设置"幻灯片
母版"

2）系统会自动切换到"幻灯片母版"选项卡，如图 5-4 所示。

图 5-4
"幻灯片母版"
选项卡

3）此时，在 PowerPoint 2016 中提供了多种样式的母版，包括默认设计模板、标题幻灯片模板、标题和内容模板、节标题模板等，如图 5-5 所示。

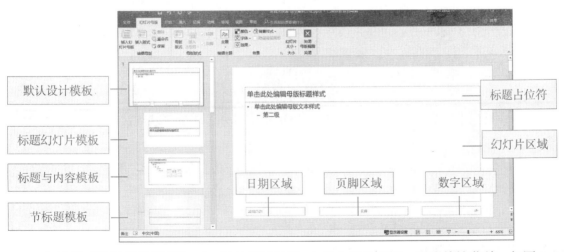

图 5-5
母版的基本结构

4）选择"默认设计模板"，在"幻灯片区域"中单击鼠标右键，弹出快捷菜单，如图 5-6 所示，执行"设置背景格式"命令，弹出"设置背景格式"对话框，选择"填充"选项卡，选择"渐变填充"选项，设置渐变类型为"线性"，方向为"线性向上"，角度"270°"，渐变光圈为浅灰色向白色的过渡，设计界面如图 5-7 所示。

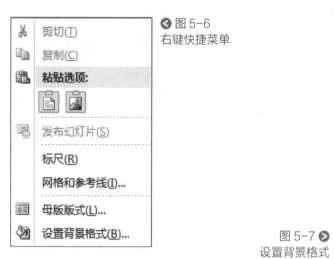

○图5-6
右键快捷菜单

图5-7 ○
设置背景格式

5）此时，整个母版的背景色都设置为自上而下的白色到浅灰色的渐变色了。

任务 1-3：标题幻灯片模板的制作

1）选择"标题幻灯片"，在"幻灯片母版"选项卡中单击"背景样式"按钮（如图5-4所示），弹出"设置背景格式"窗口，选择"填充"选项，选择"图片或纹理填充"选项，单击"文件"按钮，选择素材文件夹中的"封面背景.jpg"，单击"关闭"按钮，效果如图5-8所示。

2）单击"插入"选项卡，单击选项卡中"形状"按钮，选择"矩形栏"中的"矩形"按钮，如图5-9所示。

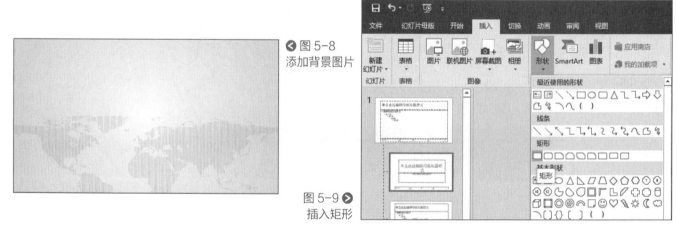

○图5-8
添加背景图片

图5-9 ○
插入矩形

3）在页面中拖动鼠标绘制一个矩形，如图5-10所示，借助形状缩放手柄调整矩形的位置，效果如图5-11所示。

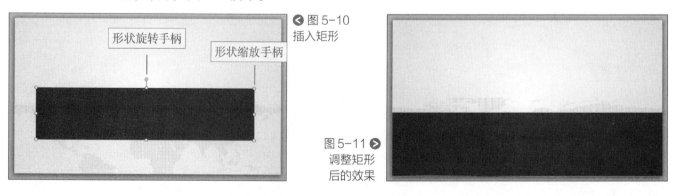

○图5-10
插入矩形

图5-11 ○
调整矩形
后的效果

4）双击矩形，将选项卡切换至"绘图工具 | 格式"选项卡，如图 5-12 所示。

◀ 图 5-12
矩形的"格式"设
置选项卡

5）单击"形状填充"按钮，此时弹出"形状填充"下拉菜单，如图 5-13 所示，选择"其他形状填充颜色"命令，弹出"颜色"设置对话框，选择"自定义"选项卡，设置矩形的填充颜色的"颜色模式"为"RGB"，设置形状填充为深蓝色（红：10，绿：86，蓝：169），形状轮廓为"无轮廓"，如图 5-14 所示。

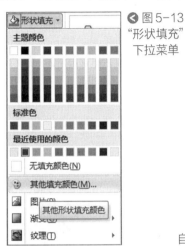

◀ 图 5-13
"形状填充"
下拉菜单

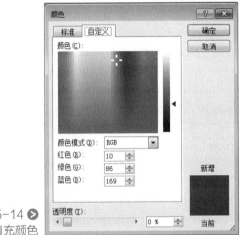

图 5-14 ▶
自定义填充颜色

6）复制一个矩形，然后调整填充色为"橙色"，分别调整两个矩形的高度，页面效果如图 5-15 所示。

7）执行"插入"→"图片"命令，如图 5-16 所示，弹出"插入图片"对话框，选择素材文件夹中的"手机 .png"图片，如图 5-17 所示，调整大小与位置，采用同样的方法插入"物流 .png"，调整大小与位置，页面的效果如图 5-18 所示。

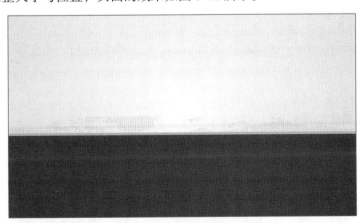

◀ 图 5-15
插入橙色矩形
的效果

◀ 图 5-16
插入图片

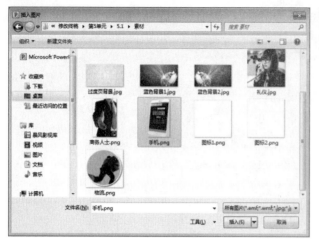

◀ 图 5-17
"插入图片"
对话框

图 5-18 ▶
插入图片
后的效果

8）执行"插入"→"图片"命令，选择素材文件夹中的图"logo.png"，调整图片的位置，执行"插入"→"文本框"→"横排文本框"命令，插入文本"易百米快递"，设置字体为"方正粗宋简体"，字号为"44"，设置界面如图 5-19 所示，同样插入文本"百米驿站——生活物流平台"，设置字体为"微软雅黑"，字号为"24"，调整位置后页面效果如图 5-20 所示。

◀ 图 5-19
设置文字的格式

图 5-20 ▶
插入 logo
与企业名称

9）切换到"幻灯片母版"选项卡，单击"插入占位符"按钮右侧的"标题"复选框，设置模板的标题样式，字体为"微软雅黑"，字号为"88"，标题加粗，颜色为深蓝色，继续单击"插入占位符"按钮，设置副标题样式，字体为"微软雅黑"，字号为"28"。

10）执行"插入"→"图片"命令，选择素材文件夹中的"电话.png"，调整图片的位置，插入文本"全国服务热线：400-0000-000"，设置字体为"微软雅黑"，字号为"20"，颜色为"白色"，效果如图 5-21 所示。

图 5-21 ▶
插入标题占位符与
电话图标

11）切换到"幻灯片母版"选项卡，单击"关闭母版视图"按钮，在"普通视图"下，单击占位符"模板标题样式"后，输入"创业案例介绍"，单击占位符"单击此处添加副标题"，输入"汇报人：刘经理"，此时的效果如图5-22所示。

◀图 5-22
标题页面效果

任务1-4：目录页幻灯片模板的制作

1）选择一个新的版式，删除所有占位符，在"幻灯片母版"选项卡中单击"背景样式"按钮（如图5-4所示），弹出"设置背景格式"窗口，选择"填充"选项，选择"图片或纹理填充"选项，单击"文件"按钮，选择素材文件夹中的"过渡页背景.jpg"，单击"关闭"按钮，执行"插入"→"形状"→"矩形"命令，绘制一个深蓝色矩形，放置在页面最下方，页面效果如图5-23所示。

2）执行"插入"→"形状"→"矩形"命令，绘制一个矩形，形状填充为深蓝色（红：6，绿：81，蓝：146），形状轮廓为"无轮廓"；插入文本"C"，颜色设置为白色，字体为"Bodoni MT Black"，字号为"66"；输入文本"ontent"，设置为深灰色，字体为"微软雅黑"，字号为"24"；输入文本"目录"，颜色设置为深灰色，字体为"微软雅黑"，字号为"44"，调整位置后的效果如图5-24所示。

◀图 5-23
设置背景与
蓝色矩形框

图 5-24 ▶
插入目录标题

3）执行"插入"→"形状"→"泪滴形"命令，绘制一个泪滴形，形状填充为深蓝色（红：6，绿：81，蓝：146），形状轮廓为"无轮廓"，旋转对象"90"度，执行"插入"→"图片"命令，选择素材文件夹中的"logo.png"，调整图片的位置，插入文本"企业介绍"，颜色设置为深灰色，字体为"微软雅黑"，字号为"40"，调整位置效果如图5-25所示。

4）复制刚刚绘制的泪滴形，形状填充为浅绿色，执行"插入"→"图片"命令，选择素材文件夹中的"图标1.png"，调整图片的位置，插入文本"服务流程"，颜色设置为深灰色，字体为"微软雅黑"，字号为"40"。

5）复制刚刚绘制的泪滴形，形状填充为橙色，执行"插入"→"图片"命令，选择素材文件夹中的"图标2.png"，调整图片的位置，插入文本"分析对策"，颜色设置为深灰色，字体为"微软雅黑"，字号为"40"，效果如图5-26所示。

◀图5-25
插入"企业介绍"

图5-26 ▶
插入"服务流程"

任务1-5：过渡页幻灯片模板的制作

1）选择"节标题幻灯片"，设置素材文件夹中的"封面背景.jpg"，单击"关闭"按钮，执行"插入"→"形状"→"矩形"命令，绘制一个矩形，形状填充为深蓝色（红：6，绿：81，蓝：146），形状轮廓为"无轮廓"，复制矩形框，调整大小与位置，页面效果如图5-27所示。

2）执行"插入"→"图片"命令，选择素材文件夹中的"logo.png"和"礼仪.jpg"，调整图片的位置。分别插入"Part 1"和"企业介绍"，颜色设置为深灰色，字体为"微软雅黑"，字号自行调整，效果如图5-28所示。

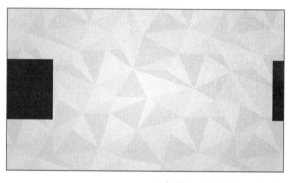

◀图5-27
插入矩形

图5-28 ▶
过渡页面模板的效果

3）复制过渡页面，制作"服务流程"与"分析对策"两个过渡页面。

任务1-6：内容页幻灯片模板的制作

1）选择一个普通版式页面，删除所有占位符，执行"插入"→"形状"→"矩形"命令，按住<Shift>键绘制一个正方形，形状填充为深蓝色（红：6，绿：81，蓝：146），形状轮廓为"无轮廓"，复制正方形，调整大小与位置，页面效果如图5-29所示。

2）选择"幻灯片母版"中的"标题"复选框，设置标题样式，字体为"方正粗宋简体"，字号为"36"，颜色为深蓝色，页面效果如图5-30所示。

计算机应用基础任务式教程（Windows10+Office2016）

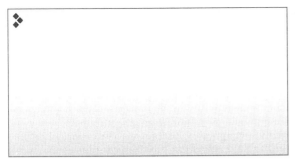

图 5-29
插入内容
页图标

图 5-30
插入内容页
标题样式

任务 1-7: 封底页幻灯片模板的制作

1）选择一个普通版式页面，删除所有占位符，执行"插入"→"图片"命令，选择素材文件夹中的"商务人士 .png"，调整图片的位置。

2）复制标题页中的 logo 与企业名称，调整位置后页面效果如图 5-31 所示。

3）插入文本"谢谢观赏"，设置字体为"微软雅黑"，字号为"80"，颜色为深蓝色，设置"加粗"与"文字阴影"效果。

4）执行"插入"→"图片"命令，选择素材文件夹中的"电话 2.png"，调整图片的位置，插入文本"全国服务热线：400-0000-000"，设置字体为"微软雅黑"，字号为"20"，颜色为深蓝色，效果如图 5-32 所示。

图 5-31
插入商务人士
与 logo 标题

图 5-32
封底页面效果

任务 1-8: 模板的使用

1）切换至"幻灯片母版"选项卡，单击"关闭母版视图"按钮，在"普通视图"下，单击占位符"模板标题样式"后，输入"创业案例介绍"，单击占位符"单击此处添加副标题"，输入"汇报人：刘经理"，效果如图 5-22 所示。

2）单击 <Enter> 键，会创建一个新页面，默认情况下会是模板中的"目录"模板。

3）继续单击 <Enter> 键，会继续创建一个新的页面，但仍然是"目录"模板，此时，在页面中单击鼠标右键，弹出快捷菜单，单击"版式"菜单，弹出"Office 主题"，如图 5-33 所示，默认为"标题和内容"，选择"节标题"即可完成版式的修改。

图 5-33
版式的修改

4）采用同样的方法即可实现本实例的所有页面，然后根据实际需要制作所需的页面即可。

核心知识 1：PowerPoint 2016 的工作界面

PowerPoint 2016 的工作界面十分便捷与人性化，由菜单、功能区、选项卡、幻灯片窗格、状态栏等部分组成。执行"开始"→" Microsoft PowerPoint 2016"命令，启动 PowerPoint 2016，新创建一个演示文稿文档，如图 5-34 所示。

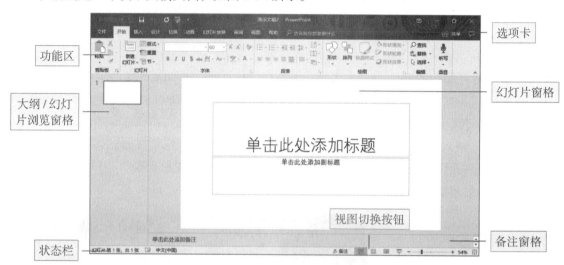

图 5-34 ◉
PowerPoint 2016
的工作界面

从图 5-34 可以看出，PowerPoint 的工作界面与 Word、Excel 有类似之处，下面对其独有的部分进行讲解。

（1）工作界面中的窗格

1）幻灯片窗格。

幻灯片窗格位于工作窗口最中间，其主要任务是进行幻灯片的制作、编辑和添加各种效果，还可以查看每张幻灯片的整体效果。

2）大纲视图窗格。

大纲视图窗格位于幻灯片窗格的左侧，主要用于显示幻灯片的文本并负责插入、复制、删除、移动整张幻灯片，可以很方便地对幻灯片的标题和段落文本进行编辑。

3）备注窗格。

备注窗格位于幻灯片窗格下方，主要用于给幻灯片添加备注，为演讲者提供更多的信息。

（2）视图切换

通过界面底部左侧的"普通视图"按钮、"幻灯片浏览视图"按钮和"幻灯片放映视图"按钮，可以在不同的视图模式中预览演示文稿。

1）普通视图。

普通视图是 PowerPoint 2016 创建演示文稿的默认视图，是大纲视图、幻灯片视图和备注页视图的综合视图模式。在普通视图的左侧显示了幻灯片的缩略图，右侧上面显示的是当前幻灯片，下面显示的是备注信息，用户可以根据需要调整窗口大小比例。

如果要显示某一张幻灯片，请使用下列方法进行操作：

◉ 直接拖动垂直滚动条上的滚动块，系统会提示切换的幻灯片编号和标题。当找到所要的幻灯片时，释放鼠标左键。

◉ 单击垂直滚动条中的"上一张幻灯片"按钮、"下一张幻灯片"按钮，可以分别切换到当前幻灯片的上一张和下一张。

◉ 按 <Page Up> 键、<Page Down> 键，以切换到上一张和下一张幻灯片；按 <Home> 键可以切换到第一张幻灯片；按 <End> 键可以切换到最后一张幻灯片。

默认情况下，屏幕的左侧显示为幻灯片窗格，单击"大纲"选项卡可切换到大纲窗格。大纲窗格用于显示幻灯片的标题和文本信息，方便查看幻灯片的结构和主要内容。

在普通视图的大纲模式下，可以对"大纲"选项卡中幻灯片的内容直接进行编辑：单击选项卡中的幻灯片缩略图，可以实现幻灯片之间的切换；还可以在该选项卡中拖动幻灯片来改变其顺序。

进入幻灯片模式也要首先切换到普通视图，然后单击大纲/幻灯片浏览窗格中的"幻灯片"选项卡。此时，窗口左边的"幻灯片"选项卡中列出了所有幻灯片，而幻灯片编辑窗口中则呈现出选中的一张幻灯片。与大纲模式不同，在该选项卡中不能对幻灯片进行编辑，但是可以实现幻灯片的切换，用鼠标拖动幻灯片可以改变其顺序。

2）幻灯片浏览视图。

单击界面底部右侧的"幻灯片浏览视图"按钮（或切换到"视图"选项卡，在"演示文稿视图"选项组中单击"幻灯片浏览"按钮），可以切换到幻灯片浏览视图。

在该视图中，演示文稿中的幻灯片整齐排列，有利于用户从整体上浏览幻灯片，调整幻灯片的背景、主题，同时对多张幻灯片进行复制、移动、删除等操作。

3）备注页视图。

切换到"视图"选项卡，在"演示文稿视图"选项组中单击"备注页"按钮，即可切换到备注页视图中。一个典型的备注页视图会看到在幻灯片图像的下方带有备注页方框。

4）幻灯片放映视图。

幻灯片放映视图显示的是演示文稿的放映效果，是制作演示文稿的最终目的。在这种全屏视图中，可以看到图像、影片、动画等对象的动画效果以及幻灯片的切换效果。

切换到"幻灯片放映"选项卡，单击"开始放映幻灯片"选项组中的按钮，即可进入幻灯片放映视图。

另外，单击界面底部的"幻灯片放映视图"按钮也可以进入幻灯片放映视图，并从当前编辑的幻灯片开始放映。

核心知识 2：新建与保存演示文稿

演示文稿由一系列幻灯片组成。幻灯片可以包含醒目的标题、合适的文字说明、生动的图片以及多媒体组件等元素。

（1）新建空白演示文稿

如果用户对创建文稿的结构和内容较熟悉，可以从空白的演示文稿开始设计，操作步骤如下：

1）切换到"文件"选项卡，单击"新建"命令，选择中间窗格内的"空白演示文稿"选项，如图 5-35 所示。

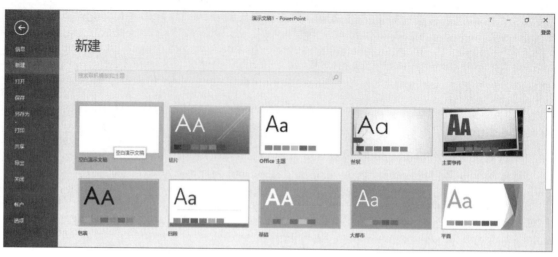

图 5-35 ❯
新建空白演示文稿

2）单击"创建"按钮，即可创建一个空白演示文稿。

3）向幻灯片中输入文本，插入各种对象。

演示文稿中含有"单击此处添加标题"之类提示文字的虚线框称为占位符。鼠标在占位符中单击后，提示语会自动消失。

创建空白演示文稿具有最大限度的灵活性，用户可以使用颜色、版式和一些样式特性，充分发挥自己的创造性。

（2）根据模板新建演示文稿

借助于演示文稿的华丽性和专业性，观众才能被充分感染。如果用户没有太多的美术基础，可以用 PowerPoint 模板来构建缤纷靓丽的、具有专业水准的演示文稿，操作步骤如下：

1）切换到"文件"选项卡，选择"新建"命令，滚动新建窗格，选择"大都市"，如图 5-35 所示，然后单击，即可根据当前选定的模板创建演示文稿。

2）在图 5-36 所示窗格中选择适当的颜色，然后点击"创建"按钮，即可完成基于新模板的 PPT 页面的创建。

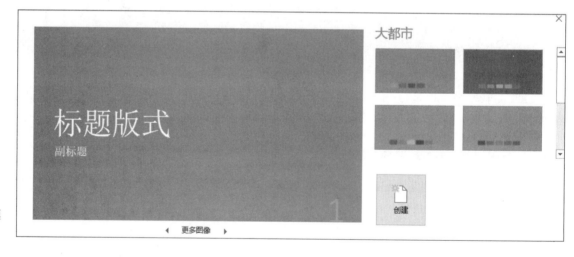

图 5-36 ❯
通过"大都市"模板新建演示文稿

核心知识 3：管理演示文稿

在对幻灯片进行编辑之前，首先要将其选中。视图不同，选中幻灯片的方法也稍有差异，具体方法见表 5-1。

表 5-1　不同视图模式下处理幻灯片的方法

视图模式　操作	普通视图	幻灯片浏览视图
选中幻灯片	选中一张幻灯片时，在"幻灯片"选项卡中，单击其缩略图；在"大纲"选项卡中，单击幻灯片标题前面的图标。选中一组连续的幻灯片时，先单击第1张要选中幻灯片的缩略图，然后按住〈Shift〉键，并单击最后1张要选中幻灯片的缩略图。若要选中的幻灯片不连续，请按住〈Ctrl〉键，然后分别单击所需幻灯片的缩略图，如图5-37所示。按〈Ctrl+A〉组合键，可以选中全部幻灯片	单击缩略图，可以选中一张幻灯片。选中多张幻灯片时，将光标置于第1张要选中幻灯片的左侧，然后向右拖动鼠标，直到选中最后1张要选中的幻灯片
插入幻灯片	在"幻灯片"选项卡中，单击某张幻灯片的缩略图，切换到"开始"选项卡，单击"幻灯片"组中的"新建幻灯片"按钮，从下拉列表中选择一种版式，即可插入一张新幻灯片，如图5-38所示；或者单击幻灯片的缩略图，然后按〈Enter〉键，可以在当前幻灯片的后面插入一张相同版式的新幻灯片。在"大纲"选项卡中，单击文本的始端，然后按〈Enter〉键，可以在当前幻灯片的前面插入一张新幻灯片	操作步骤与普通视图的"幻灯片"选项卡中的第1种方法相同
复制幻灯片	选定目标幻灯片，按〈Ctrl+C〉组合键，然后单击预期位置上一张幻灯片的缩略图，并按〈Ctrl+V〉组合键；在"大纲"选项卡中，也可以按住〈Ctrl〉键，并拖动选定的幻灯片。拖动过程中出现的长条横线表示当前位置。到达预期位置后，释放鼠标按键，再松开〈Ctrl〉键	方法同普通视图
移动幻灯片	选定目标幻灯片，然后对其进行拖动操作，此时的长条横线就是插入点，到达预期位置后松开鼠标按键	方法同普通视图
删除幻灯片	选定目标幻灯片，然后按〈Delete〉键；在"幻灯片"选项卡中，也可以右击选定幻灯片缩略图，从快捷菜单中选择"删除幻灯片"命令	方法同普通视图

　　用户也可以选中目标幻灯片后，利用"剪贴板"组中的"剪切""复制"和"粘贴"选项复制或移动幻灯片。

◀ 图 5-37 选定多张不连续的幻灯片

图 5-38 ▶ 新建指定版式的幻灯片

核心知识 4：编辑与格式化文本

　　演示文稿非常注重视觉效果，但正文文本仍然是演示者与观众之间最主要的沟通交流工具。因此，添加文本是制作幻灯片的基础，同时还要对输入的文本进行必要的格式设置。

（1）输入文本

直接将文本输入到幻灯片的占位符中，是向幻灯片中添加文字最简单的方式。用户也可以通过文本框在幻灯片中输入文本。

1）在占位符中输入文本。

当打开一个空演示文稿时，系统会自动插入一张标题幻灯片。在该幻灯片中，单击标题占位符，插入点出现在其中，接着便可以输入标题的内容了。要为幻灯片添加副标题，请单击副标题占位符，然后输入相关的内容。

2）使用文本框输入文本。

文本框是一种可移动、可调大小的图形容器，用于在占位符之外的其他位置输入文本。

向幻灯片中添加不自动换行文本时，请切换到"插入"选项卡，在"文本"选项组中单击"文本框"按钮，从下拉菜单中选择"横排文本框"命令。单击要添加文本框的位置，即可开始输入文本。输入过程中，文本框的宽度会自动增大，但是文本并不自动换行。输入完毕后，单击文本框之外的任意位置即可。

如果要使文本自动换行，在选择"横排文本框"命令后，将鼠标指针移到要添加文本框的位置，按住左键拖动来控制文本框的大小，然后向其中输入文本，当输入到文本框的右边界时会自动换行。

（2）格式化文本

所谓文本的格式化是指对文本的字体、字号、样式及色彩进行必要的设置，通常这些项目是由当前设计模板定义好的，设计模板作用于每个文本对象或占位符。

如果要格式化文本框中的所有内容，首先单击文本框，此时插入点出现在其中，接着在虚线边框上单击，边框变为细实线边框，文本框及其全部内容被选定。若对文本框中的部分内容进行格式化，先拖动鼠标指针选择要修改的文本，使其呈高亮显示，然后执行所需的格式化命令。

PowerPoint 提供了许多格式化文本工具，能够快速设置文本的字体、颜色、字符间距等。

1）设置字体与颜色。

在演示文稿中适当地改变字体与字号，可以使幻灯片结构分明、重点突出。选定文本，切换到"开始"选项卡，在"字体"选项组中单击"字体"和"字号"下拉列表框，从下拉列表中选择所需的选项，即可改变字符的字体或字号。

更改文本颜色时，请选定相关文本，切换到"开始"选项卡，在"字体"选项组中单击"颜色"按钮右侧的箭头按钮，从下拉菜单中选择一种主题颜色。如果要使用非调色板中的颜色，请单击"其他颜色"命令，在弹出的"颜色"对话框中选择颜色。

2）调整字符间距。

排版演示文稿时，为了使标题看起来比较美观，可以适当增加或缩小字符间距，方法为：选定要调整的文本，切换到"开始"选项卡，在"字体"选项组中单击"字符间距"按钮，从下拉菜单中选择一种合适的字符间距。

如果要精确设置字符间距的值，请选择"其他间距"命令，打开"字体"对话框，并自动切换到"字符间距"选项卡。在"间距"下拉列表框中选择"加宽"或"紧缩"选项，然后在"度量值"微调框中输入具体的数值，最后单击"确定"按钮，如图5-39所示。

（3）设置段落格式

PowerPoint 允许用户改变段落的对齐方式、缩进、段间距和行间距等。

1）改变段落的对齐方式。

将插入点置于段落中，然后切换到"开始"选项卡，在"段落"选项组中单击所需的对齐方式按钮，即可改变段落的对齐方式。

2）设置段落缩进。

段落缩进是指段落与文本区域内部边界的距离。PowerPoint 提供了首行缩进、悬挂缩进与左缩进等 3 种缩进方式。

设置段落缩进时，请将插入点置于要设置缩进的段落中，或者同时选定多个段落，切换到"开始"选项卡，在"段落"选项组中单击对话框启动器按钮，打开"段落"对话框。在"缩进"组中设置"文本之前"微调框的数值，以设置左缩进；指定"特殊格式"下拉列表框为"首行缩进"或"悬挂缩进"，并设置具体的度量值。设置完毕后，单击"确定"按钮。

用户也可以切换到"视图"选项卡，选中"显示"选项组内的"标尺"复选框，以便借助于幻灯片上方的水平标尺设置段落的缩进。

3）使用项目符号编号列表。

添加项目符号的列表有助于把一系列主要的条目或论点与幻灯片中的其余文本区分开来。PowerPoint 允许为文本添加不同的项目符号。

默认情况下，在占位符中输入正文时，PowerPoint 会插入圆点作为项目符号。更改项目符号时，请选定幻灯片的正文，切换到"开始"选项卡，在"段落"选项组中单击"项目符号"按钮右侧的箭头按钮，从下拉列表中选择所需的项目符号。如果预设的项目符号不能满足要求，可选择"项目符号和编号"选项，打开"项目符号和编号"对话框。

在"项目符号"选项卡中单击"自定义"按钮，打开"符号"对话框。在"字体"下拉列表框中选择" Wingdings2"字体，然后在下方的列表框中选择符号，如图 5-40 所示。单击"确定"按钮，返回"项目符号和编号"对话框。要设置项目符号的大小，可在"大小"微调框中输入百分比。要为项目符号选择一种颜色，可从"颜色"下拉列表框中进行选择，单击"确定"项目符号更改完毕。

◀ 图 5-39
使用"字体"对话框调整字符间距

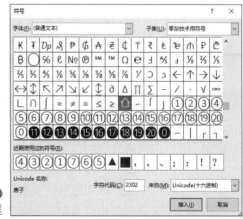

图 5-40 ▶
"符号"对话框

对于添加了项目符号或编号的文本，切换到"开始"选项卡，在"段落"选项组中单击"提高列表级别"按钮或者按 <Tab> 键，可以增加文本的缩进量；单击"降低列表级别"按钮或者按 <Shift+Tab> 组合键，可以减少文本的缩进量。

编号列表按照编号的顺序排列，可以使用与创建项目符号类似的方法创建编号列表，即切换到"开始"选项卡，在"段落"选项组中单击"编号"按钮右侧箭头按钮，从下拉菜单中选择一种预设编号。

如果要改变编号的大小和颜色，先选定要更改编号的段落，在"编号"下拉菜单中选择"项目符号和编号"命令，打开"项目符号和编号"对话框。切换到"编号"选项卡，在"大小"文本框中设置编号的大小，单击"颜色"列表框右侧的箭头按钮，从下拉列表框中选择该编号的颜色。

（4）使用大纲窗格

除了可以在幻灯片中输入文本外，还可以在左侧的大纲窗格中处理演示文稿的内容。

1）输入演示文稿的大纲内容。

当用户要输入演示文稿的大纲内容时，请参照如下方法进行操作：在普通视图中，单击左侧窗格中的"大纲"选项卡，输入第一张幻灯片的标题，然后按 <Enter> 键。这时会在大纲窗格中创建一张新的幻灯片，同时让用户输入标题。

如果要输入第一张幻灯片的副标题，请右击该行，从快捷菜单中选择"降级"命令。为了创建第二张幻灯片，请在输入副标题后，按 <Ctrl+Enter> 组合键。输入第二张幻灯片的标题后，按 <Enter> 键。

要输入第二张幻灯片的正文，请右击该行，从快捷菜单中选择"降级"命令，即可创建第一级项目符号。为幻灯片输入一系列有项目符号的项目，并在每个项目后按 <Enter> 键。通过单击"升级"或"降级"命令来创建各种缩进层次。

在最后一个项目符号后按 <Ctrl+Enter> 组合键，即可创建下一张幻灯片。

2）在大纲下编辑文本。

如果检查发现幻灯片的标题和层次小标题有误，可以在大纲视图中编辑它们。

在大纲视图中，单击幻灯片图标或者段落项目黑点，即可选定幻灯片或者段落，然后右击该段落，从快捷菜单中选择"上移"或者"下移"命令，可以改变大纲的段落次序。

在大纲视图中选定要改变层次的段落后，右击该段落，从快捷菜单中选择"升级"或者"降级"命令，可以改变大纲的层次结构。

演示文稿中的幻灯片较多时，可以仅查看幻灯片的标题，而将含有的多个层次小标题先隐藏起来，需要时再将其重新展开。在大纲视图中右击要操作的幻灯片，从快捷菜单中选择"折叠"→"折叠"命令，该幻灯片的所有正文被隐藏起来；右击折叠后的幻灯片，从快捷菜单中选择"展开"→"展开"命令，其标题和正文会再次显示出来。

（5）使用主题

主题包括一组主题颜色、一组主题字体和一组主题效果（包括线条和填充效果）。通过应用主题，可以快速而轻松地设置整个文档的格式，赋予它专业和时尚的外观。

快速为幻灯片应用一种主题时，请打开要应用主题的演示文稿，切换到"设计"选项卡，在"主题"选项组的"主题"列表框中单击要应用的文档主题，或单击右侧的"其他"按钮，查看所有可用的主题，如图 5-41 所示。

◀ 图 5-41
应用主题

如果希望只对选择的幻灯片设置主题，请右击"主题"列表框中的主题，从快捷菜单中选择"应用于所选幻灯片"命令。

核心知识 5：插入表格

如果需要在演示文稿中添加排列整齐的数据，可以使用表格来完成。

1）向幻灯片中插入表格。

单击内容版式中的"插入表格"按钮，打开"插入表格"对话框。调整"列数"和"行数"微调框中的数值，然后单击"确定"按钮，即可将表格插入到幻灯片中。

表格创建后，插入点位于表格左上角的第一个单元格中。此时，即可在其中输入文本，当一个单元格的文本输入完毕后，用鼠标单击或按 <Tab> 键进入下一个单元格。如果希望回到上一个单元格，请按 <Shift+Tab> 组合键。

如果输入的文本较长，则会在当前单元格的宽度范围内自动换行、增加该行的高度以适应当前的内容。

2）选定表格中的项目。

在对表格进行操作之前，首先要选定表格中的项目。选定一行时，请单击该行中的任意单元格，切换到"布局"选项卡，在"表"选项组中单击"选择"按钮，从下拉菜单中选择"选择行"命令。

选定一列或整个表格的方法与之类似。当需要选定一个或多个单元格时，拖动鼠标经过这些单元格即可。

3）修改表格的结构。

对于已经创建的表格，用户可以修改表格的行列结构。如果要插入新行，请将插入点置于表格中希望插入新行的位置，切换到"布局"选项卡，在"行和列"选项组中单击"在上方插入"或"在下方插入"按钮。插入新列可以参照此方法进行操作。

将多个单元格合并为一个单元格时，首先选定这些单元格，然后切换到"布局"选项卡，在"合并"选项组中单击"合并单元格"按钮。单击"合并"选项组中的"拆分单元格"按钮，可以将一个大的单元格拆分为多个小的单元格。

4）设置表格格式。

为了增强幻灯片的感染力，还需要对插入的表格进行格式化，从而给观众留下深刻的印象。选定要设置格式的表格，切换到"设计"选项卡，在"表格样式"选项组的"表样式"列表框中选择一种样式，即可利用 PowerPoint 2016 提供的表格样式快速设置表格的格式。

单击"表格样式"选项组中的"底纹""边框"和"效果"按钮，从下拉菜单中选择合适的命令，可以对表格的填充颜色、边框和外观效果进行设置。

核心知识 6：插入图片、图表与 SmartArt 图形

（1）向幻灯片中插入图片

如果要向幻灯片中插入图片，操作方法如下：

1）在普通视图中，显示要插入图片的幻灯片，切换到"插入"选项卡，在"插图"选项组中单击"图片"按钮，打开"插入图片"对话框。

2）选定含有图片文件的驱动器和文件夹，然后在文件名列表框中单击图片缩略图。

3）单击"打开"按钮，将图片插入幻灯片中。

在含有内容占位符的幻灯片中，单击内容占位符上的"插入来自文件的图片"图标，也可以在幻灯片中插入图片。

对于插入的图片，可以利用"格式"选项卡中的工具进行适当的修饰，如旋转、调整亮度、设置对比度、改变颜色、应用图片样式等。

（2）向幻灯片中插入图表

用图表来表示数据，可以使数据更容易理解。默认情况下，当创建好图表后，需要在关联的 Excel 数据表中输入图表所需的数据。当然，如果事先准备好了 Excel 格式的数据表，也可以打开相应的工作簿并选择所需的数据区域，然后将其添加到 PowerPoint 图表中。

向幻灯片中插入图表的操作方法如下：

1）单击内容占位符上的"插入图表"按钮，或者单击"插入"选项卡中的"图表"按钮，打开"插入图表"对话框。

2）在对话框的左右列表框中分别选择图表的类型、子类型，然后单击"确定"按钮，如图 5-42 所示。此时，自动启动 Excel，让用户在工作表的单元格中直接输入数据，PowerPoint 中的图表自动更新，如图 5-43 所示。

图 5-42 ◐
"插入图表"
对话框

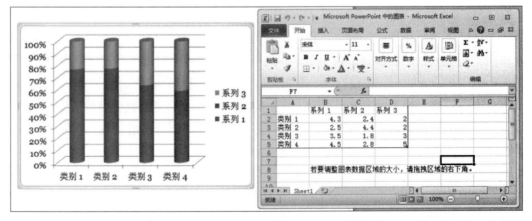

图 5-43 ◐
在 Excel 中输入数据作为图表数据源

3）数据输入结束后，单击 Excel 窗口的"关闭"按钮，并单击 PowerPoint 窗口的"最大化"按钮。

接下来，用户可以利用"设计"选项卡中的"图表布局"和"图表样式"工具快速设置图表的格式。

（3）插入并编辑 SmartArt 图形

SmartArt 图形是信息和观点的视觉表示形式，通过不同形式和布局的图形代替枯燥的文字，从而快速、轻松、有效地传达信息。

SmartArt 图形在幻灯片中有两种插入方法：一种是直接在"插入"选项卡中单击"SmartArt"按钮；另一种是先用文字占位符或文本框将文字输入完成，然后再利用转换的方法将文字转换成 SmartArt 图形。

下面以绘制一张循环图为例介绍如何直接插入 SmartArt 图形。具体操作方法如下：

1）打开需要插入 SmartArt 图形的幻灯片，切换到"插入"选项卡，单击"插图"组中的"SmartArt"按钮，如图 5-44 所示。

2）在弹出的"选择 SmartArt 图形"对话框左侧列表中选择"循环"分类，在右侧列表框中选择一种图形样式，这里选择"基本循环"图形，如图 5-45 所示，完成后单击"确定"按钮，插入后的"基本循环"图形如图 5-46 所示。

◀ 图 5-44
"SmartArt"按钮

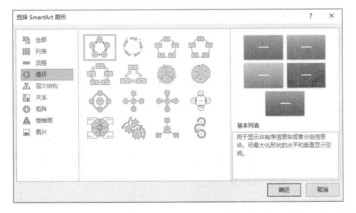

◀ 图 5-45
"选择 SmartArt 图形"对话框

注：SmartArt 图形包括了"列表""流程""循环""层次结构""关系""矩阵"和"棱锥"等很多分类。

3）幻灯片中将生成一个结构图，结构图默认由 5 个形状对象组成，用户可以根据实际需要进行调整，如果要删除形状，只需在选中某个形状后按下 <Delete> 键即可，删除一个形状对象后的效果如图 5-47 所示。

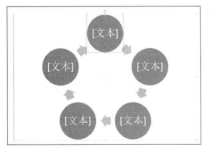

◀ 图 5-46
插入后的基本循环效果

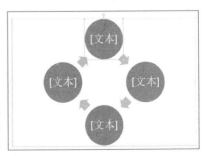

图 5-47 ▶
删除一个形状后的效果

此外，如果要添加形状，则在某个形状上单击鼠标右键，在弹出的快捷菜单中单击"添加形状"菜单下的"在后面添加形状"命令即可。

设置好 SmartArt 图形的结构后，接下来在每个形状对象中输入相应的文字，最终效果如图 5-48 所示。用户还可以单击"SmartArt 工具"选项下的"设计"选项，执行"更改颜色"按钮，选择恰当的颜色方案，效果如图 5-49 所示。

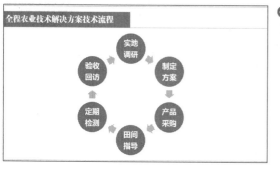

◀ 图 5-48
插入文本
后的效果

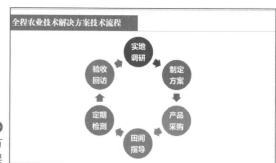

图 5-49 ▶
修改颜色方
案后的效果

核心知识 7：插入多媒体

（1）插入音频

在演示文稿中适当添加声音，能够吸引观众的注意力、产生新鲜感。PowerPoint 2016 支持 MP3 文件（.mp3）、Windows 音频文件（.wav）、Windows Media Audio（.wma）以及其他类型的声音文件。

插入音频的方式：单击"插入"选项卡，选择"音频"按钮，如图 5-50 所示，单击"PC 上的音频"选项，弹出"插入音频"对话框（选择 WAV 或者 MP3 等格式），选择所需要的音频即可完成音频的插入。

单击隐藏图标，单击菜单栏中音频工具"播放"，在选项卡中音频选项区单击"开始"选项卡，设置为"自动"，勾选"循环播放，直到停止"复选框。

跨页播放是指幻灯切换时，音乐不停止，一直播放到幻灯片结束为止，如有此类需求可选择此项，如图 5-51 所示。

◀ 图 5-50
插入音频

图 5-51 ▶
自动播放

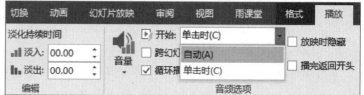

（2）插入视频

视频是展示信息的最佳方式，可以为演示文稿增添活力。视频文件包括最常见 Windows 视频文件（.avi）、影片文件（.mpg 或 .mpeg）、Windows Media Video 文件（.wmv）以及其他类型的视频文件。

单击"插入"选项卡，单击如图 5-52 所示的插入"视频"按钮，选择"PC 上的视频"命令，弹出"插入视频文件"对话框，如图 5-53 所示，选择插入的视频文件"车陷苦海"，单击"插入"按钮后完成视频的插入。

计算机应用基础任务式教程（Windows10+Office2016）

图 5-52
插入视频

图 5-53
选择视频

核心技巧 1：收集视频、音频、图片资源的方法

要学好 PowerPoint 商务简报的制作技术，收集与积累素材是一件基本的工作，通过分析优秀作品以及相关评价不断提高自己的专业素养，优秀 PPT 的收集与整理方法如下：

（1）世界知名、国内知名的 PPT 演示企业网站如表 5-2 所示。

表 5-2　PPT 演示企业网站

网站名称	网址
韩国 ThemeGallery	http://www.themegallery.com/english/
韩国 BIZPPT	http://www.bizppt.com/
演界网	http://www.yanj.cn/
上海锐普	http://www.rapidbbs.cn/
上海诺睿	http://www.nordridesign.com/
北京锐得	http://www.ruideppt.net/
站长网 PPT 资源	http://sc.chinaz.com/ppt/
站长网高清图片	http://sc.chinaz.com/tupian/
淘图网	http://www.taopic.com/
千图网	http://www.58pic.com/
68design 网页设计联盟网	http://www.68design.net/

（2）PPT 设计企业的典型案例。例如，在百度搜索引擎中检索"PPT 设计"关键词，就可以搜索出很多专门从事 PPT 定制的企业，然后浏览其典型的案例。

（3）购买收集优秀 PPT 书籍，收集免费资源。

搜索完成后，要注意对资源的归类与整理，归类的方法是根据搜集的素材类型创建不同的文件夹，将素材分类进行存放。

核心技巧 2：获取 PPT 中视频、音频、图片的方法

使用 PowerPoint 2016 以上版本制作的 PPT 文件，扩展名为 .pptx，这是一种压缩格式的文件，比以前使用的 PPT 格式文件相对要小很多，原因是 PowerPoint 软件将一些图像进行压缩单独保存。如果想快速提取 pptx 文件中的图像文件，方法很简单，只需要将 pptx 后缀改为 rar，例如，将"汽车保险与理赔 .pptx"修改为"汽车保险与理赔 .rar"，然后进行解压缩，如图 5-54 所示，在警告提示对话框中单击"是"按钮即可。

图 5-54 ❯
更改文件后缀名

双击"汽车保险与理赔 .rar"即可使用压缩软件打开文件，在"文件名 \ppt\media"文件夹中找到原 PPT 中所有图片，如有音频、视频，也可以在此文件夹中找到，如图 5-55 所示。

图 5-55 ❯
图片与其他资源存
放路径

核心技巧 3：PPT 图片效果的应用

PPT 有强大的图片处理功能，下面介绍一些图片处理功能。

（1）图片相框效果

PPT 在图片样式中提供了一些精美的相框，操作方法如下：

打开 PowerPoint 2016，插入素材图片"晨曦 .jpg"，双击图像，然后再设置"图片边框"：边框颜色为白色，边框粗细为 6 磅，设置"图片效果"中的"阴影"效果为"居中偏移"，实现自定义边框，如图 5-56 所示，复制图片并进行移动与旋转，效果如图 5-57 所示。

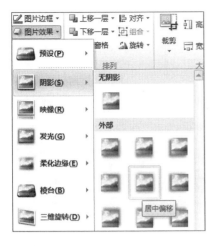

◀图 5-56
设置"图片效果"
为"居中偏移"

图 5-57 ▶
相框效果

（2）图片映像效果

图片的映像效果是立体化的一种体现，运用映像效果，给人更加强烈的视觉冲击。

要设置映像效果，可以选中图片（素材"化妆品 .jpg"）后，执行"格式"选项卡的"图片样式"选项组中"图片效果"菜单下的"映像"命令，然后选择合适的映像效果即可（紧密映像，4 pt 偏移量），如图 5-58 所示，设置距离与映像适中即可，效果如图 5-59 所示。

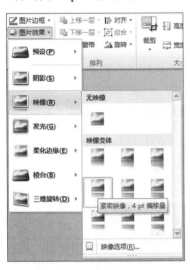

◀图 5-58
设置"图片效果"
为"紧密映像，
4 pt 偏移量"

图 5-59 ▶
映像效果

细节的设置方面，大家也可以右击图片，在弹出的快捷菜单中选择"设置图片格式"命令，在"设置图片格式"窗格中可以对映像的透明度、大小等细节进行设置。

（3）快速实现图片三维效果

图片的三维效果是图片立体化最突出的表现形式，快速实现图片三维效果的方法如下：

选中素材图片（"啤酒 .jpg"）后，执行"格式"选项卡的"图片样式"选项组中"图片效果"菜单下的"三维旋转"命令，选择"透视"下方的"右透视"命令，右键选择图片，执行"设置图片格式"命令，在"三维旋转"选项卡中设置 X 轴旋转"320 度"（如图 5-60 所示），最后再设置"映像"效果，最终的效果如图 5-61 所示。

图 5-60
设置"设置图片
格式"对话框

图 5-61 ▶
三维效果

（4）利用裁剪实现个性形状

在 PPT 中插入图片的形状一般是矩形，通过裁剪功能可以将图片更换成任意的自选形状，以适应多图排版。

双击素材图片"晨曦.jpg"，单击"裁剪"按钮，设置"纵横比"的比例为"1:1"，调整位置，可以将素材裁剪为正方形。

执行"格式"选项卡的"大小"选项组中"裁剪"菜单下的"裁剪为形状"命令，选择"泪滴形"（如图 5-62 所示），裁剪后的效果如图 5-63 所示。

图 5-62
设置"裁剪形状"
为"泪滴形"

图 5-63 ▶
裁剪后的效果

（5）形状的图片填充

当有些形状在图片裁剪时不在备选图形中，大家可以先"绘制图形"，然后再进行"填充图片"的方式来实现。需要注意的是绘制的图形和将要填充图片的长宽比务必保持一致，否则会导致图片扭曲变形，从而影响美观。图片填充的效果如图 5-64 所示。选择图形，右键单击图形，在弹出的"设置图片格式"对话框的"填充"选项卡中，选中"图片或纹理填充"，在"插入自:"下方，单击"文件"按钮，选择要插入的图片即可，如图 5-65 所示。

插入完成后，还可以设置其他相关参数，根据需要可以自己调整。

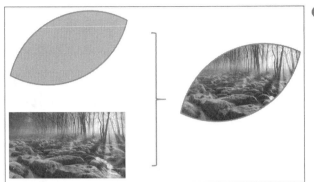

图 5-64
图片填充
后的效果

图 5-65
设置填充方式

训练名称：演示文稿操作

打开素材文件夹下的演示文稿"yswg.pptx"，按照下列要求完成对此文稿的修饰并保存。

（1）在第一张幻灯片中插入样式为"填充，白色，投影"的艺术字"运行中的京津铁城"，文字效果为"转换 - 波形 2"，设置艺术字位置（水平：6 厘米，自：左上角，垂直：7 厘米，自：左上角）。第二张幻灯片的版式改为"两栏内容"，在右侧文本区域输入"一等车厢票价不高于 70 元，二等车厢票价不高于 50 元"，且文本设置为"楷体"、47 磅字。将素材文件夹下的"ppt1.jpg"文件插入第三张幻灯片的右侧内容区域。在第三张幻灯片备注区插入文本"单击标题，可以循环放映"。

（2）设置第一张幻灯片背景，选择渐变填充方式的"金乌坠地"预设颜色，幻灯片放映方式为"演讲者放映"，效果如图 5-66 所示。

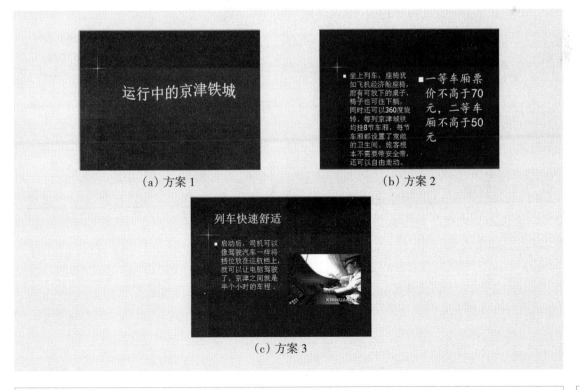

图 5-66
真题训练效果图

任务名称：概念陈述类演示文稿的制作

根据以下内容进行提炼，并根据本单元学习的内容制作全新的PPT。

标题：微课相关概念

在美国，宾夕法尼亚大学60秒系列讲座、韦恩州立大学实施的"一分钟学者"活动都是微讲座。墨西哥州圣胡安学院（综合性学科大专社区学院）的高级教学设计师、学院在线服务经理戴维·彭罗斯（David Penrose）首次提出了时长一分钟的"微讲座"的理念。他的主要思想是在课程中把教学内容与教学目标紧密地联系起来，以产生一种"更加聚焦的学习体验"。戴维·彭罗斯因此被人们戏称为"一分钟教授"，他把微讲座称为"知识脉冲"，同时他认为知识脉冲要配以相应的作业与讨论，就能够达到与长时间授课同样的效果。这意味着微讲座不仅可以用于科普教育，也可以用于课堂教学，这是微视频教学应用的转折点。

依据以上内容，制作完成的页面效果如图5-67所示。

（a）方案1　　　　（b）方案2

（c）方案3　　　　（d）方案4

图5-67 ▶
依据文字内容实现
的图文混排的效果

教学目标	（1）掌握 PowerPoint 2016 中幻灯片的放映 （2）掌握 PowerPoint 2016 中幻灯片动画效果的设置
本单元重点	（1）PowerPoint 2016 中动画的设置 （2）PowerPoint 2016 设置放映时间与方式
本单元难点	（1）PowerPoint 2016 中幻灯片动画效果的设置
教学方法	任务驱动法、演示操作法
建议课时	4 课时（含考核评价）

【任务描述】

　　易百米公司公关部小潘在完成创业典型实例的演示文稿后，刘经理非常满意，同时提出最好能制作一个动感的片头动画，动画要简约、大气。

【任务分析】

　　易百米公司创业典型实例演示文稿片头的制作涉及的知识点主要有：动画的使用、插入音频、导出 WMV 格式视频。需要掌握 PowerPoint 演示文稿中动画的使用方法、PowerPoint 演示文稿中插入音视频多媒体的方法，体验 PowerPoint 演示文稿如何导出为视频格式。

　　依据易百米公司需求，在片头放入相关的图像元素，构思各个元素的入场动画顺序，同时播放背景音乐，动画的构思结构如图 5-68 所示。

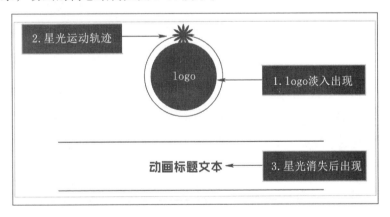

◀ 图 5-68
动画构思图

【任务实施】

任务 2-1：插入片头动画中所需的元素

　　插入文本、图形元素后调整大小及位置，执行"插入"→"音频"→"PC 上的音频"命令，弹出"插入音频"对话框，选择素材文件夹中的"背景音乐 .wav"，调整插入元素的位置后，页面效果如图 5-69 所示。

图 5-69 ◆
插入图片、文本、
背景音乐后的位置

单击◀按钮，在"音频工具"选项卡中，单击"播放"。在"音频选项"功能组中，在音频触发"开始"下拉列表中选择"自动"，如图 5-70 所示。

图 5-70 ◆
设置音频触发方式

任务 2-2：制作入场动画

1）选择图片"logo.png"，单击"动画"选项卡，设置动画为"淡出"，如图 5-71 所示。

图 5-71 ◆
选择动画形式

2）选择"星光 .png"图片，单击"动画"选项卡，设置动画为"淡出"。再单击"添加动画"，选择"动作路径"组中的"形状"，如图 5-72 所示。

3）将路径动画的大小调整与 logo 大小一致，将路径动画的起止点调整到"星光 .png"的位置，如图 5-73 所示。

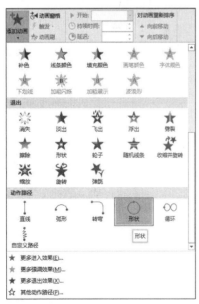

◆ 图 5-72
添加路径动画

图 5-73 ◆
调整路径动画

4）单击"动画"选项卡，在"高级动画"选项组中选择"动画窗格"。将"logo.png"淡出动画触发方式"开始"设置为"与上一动画同时"，将"星光.png"淡出动画和路径动画触发方式"开始"设置为"与上一动画同时"，将"延迟"设置为"0.5秒"，如图5-74所示，"动画窗格"对话框如图5-75所示。

◀图5-74
设置延迟时间

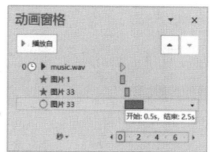

图5-75 ▶
"动画窗格"
对话框

5）在"星光.png"路径动画结束后让其消失。选择"星光.png"图片，再次单击"添加动画★"，选择"退出"组中的"淡出"。

6）再次单击"添加动画★"，选择"强调"组中的"放大/缩小"，将效果选择为"巨大"。将退出动画和强调动画的触发方式"开始"设置为"与上一动画同时"。将延迟时间设置在星光路径动画结束之后，设置延迟时间为"2.5秒"，如图5-76所示，"动画窗格"对话框如图5-77所示。

◀图5-76
设置延迟时间

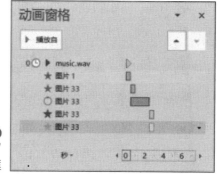

图5-77 ▶
"动画窗格"
对话框

7）logo部分动画播放结束后，文字部分出场。设置文字上下两条直线形状，动画为"淡出"。将淡出动画的触发方式"开始"设置为"与上一动画同时"将"延迟时间"设置为"3秒"。

8）选择文字，将单击"动画"选项卡，在下拉菜单中选择"更多进入效果"，将动画设置为"挥鞭式"，如图5-78所示。

9）将文字动画的触发方式"开始"设置为"与上一动画同时"，将"延迟时间"置为"3秒"，如图5-79所示。

图 5-78
设置挥鞭式动画

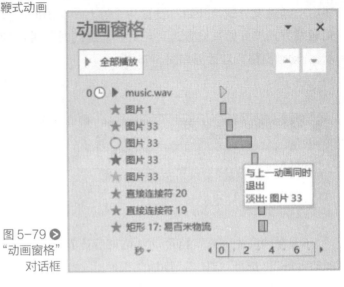

图 5-79 ⊙
"动画窗格"
对话框

任务 2-3：输出片头动画视频

片头制作完成后，可以保存为 .pptx 格式的演示文稿文件，用 PowerPoint 打开。也可以保存为 .wmv 格式的视频文件，用视频播放器打开。保存为 .wmv 格式的视频文件具体方法如下：

单击"文件"→"另存为"命令，设置保存类型为"Windows Media 视频（*.wmv）"，填写文件名即可，如图 5-80 所示。

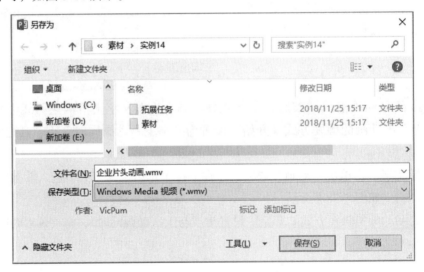

图 5-80 ⊙
设置保存文件类型

核心知识与技巧

核心知识 1：幻灯片的切换效果

幻灯片的切换方式是指在放映幻灯片时，一张幻灯片从屏幕上消失，另一张幻灯片显示在屏幕上的一种动画效果。一般为对象添加动画后，可以通过"切换"选项卡来设置幻灯片的切换方式。

计算机应用基础任务式教程（Windows10+Office2016）

（1）插入 PPT 的切换效果

在默认情况下，演示文稿中幻灯片之间是没有动画效果的。用户可以通过"切换"选项卡的"切换到此幻灯片"组中的命令为幻灯片添加切换效果。PowerPoint 2016 中提供了 30 多种内置的切换效果，单击"切换"选项卡的"切换到此幻灯片"组中的"其他"按钮，如图 5-81 所示。

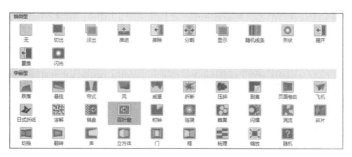

◀图 5-81
切换效果

PowerPoint 2016 中的切换方式分为细微型、华丽型、动态内容三大类。

幻灯片的切换设置的具体操作方法如下：

❀ 打开"中国汽车权威数据发布 .pptx"演示文稿，选择第 1 张幻灯片，在"切换"选项卡下"切换到此幻灯片"组中单击"其他"按钮。

❀ 在弹出的列表中选择"动态内容"分组中的"传送带"效果。当为第 1 张幻灯片添加切换效果后，在左侧的幻灯片导航列表中该幻灯片中多出一个标志，采用同样的方法可以依次设置其他页面的切换效果。

可以使用同样的方法为其他幻灯片设置切换效果。设置完成后，选择第 1 张幻灯片，按 <F5> 键放映幻灯片，单击鼠标即可观看效果。

（2）编辑切换声音和速度

PowerPoint 2016 中默认的切换动画效果都是无声的，需要手动添加所需声音。其操作方法为：选择需要编辑的幻灯片，然后选择"切换"选项卡下的"计时"组，在"声音"下拉列表中选择相应的选项（如爆炸），即可改变幻灯片的切换声音。

编辑切换速度的方法为：选择需要编辑的幻灯片，然后选择"切换"选项卡下的"计时"组，在"持续时间"数值框中输入具体的切换时间，或者直接单击数值框中的微调按钮，即可改变幻灯片的切换速度。

此外，如果不想将切换声音设置为系统自带的声音，那么可以在"声音"下拉列表中选择"其他声音"选项，打开"添加声音"对话框，通过该对话框可以将电脑中保存的声音文件应用到幻灯片切换动画中。

（3）设置幻灯片切换方式

设置幻灯片的切换方式也是在"切换"选项卡中进行的，其操作方法为：首先选择需要进行设置的幻灯片，然后选择"切换"选项卡下的"计时"组，在"换片方式"栏中显示了"单击鼠标时"和"设置自动换片时间"两个复选框，选中它们中的一个或同时选中这两个复选框均可完成对幻灯片换片方式的设置。在"设置自动换片时间"复选框右侧有一个数值框，在其中可以输入具体数值，表示在经过指定秒数后自动移至下一张幻灯片。

注意：若在"换片方式"组中同时选中"单击鼠标时"复选框和"设置自动换片时间"复选框，则表示满足两者中任意一个条件时，都可以切换到下一张幻灯片并进行放映。

为幻灯片设置持续时间的目的是控制幻灯片地切换速度，以便查看幻灯片内容。

打开"切换"选项卡，在"计时"组的"换片方式"区域中，选中"单击鼠标时"复选框，表示在播放幻灯片时，需要在幻灯片中单击鼠标左键来换片，而取消选中该复选框，选中"设置自动换片时间"复选框，表示在播放幻灯片时，经过所设置的时间后会自动切换至下一张幻灯片，无须单击鼠标。另外，PowerPoint 还允许同时为幻灯片设置单击鼠标来切换幻灯片和输入具体值来定义幻灯片切换的延迟时间这两种换片的方式。

核心知识 2：设置放映时间与方式

制作幻灯片的最终目标就是为观众进行放映。幻灯片的放映设置包括控制幻灯片的放映方式、设置放映时间等。

（1）幻灯片的放映控制

有时演示文稿中可能包含不适合播放的半成品幻灯片，但将其删除又会影响以后再次修订。此时，切换到普通视图，在幻灯片窗格中选择不进行演示的幻灯片，然后右击选中区，从快捷菜单中选择"隐藏幻灯片"命令，将它们隐藏，接下来就可以播放幻灯片了。

1）自动幻灯片。

在 PowerPoint 2016 中，按 <F5> 键或者单击"幻灯片放映"选项卡中的"从头开始"按钮，如图 5-82 所示，即可开始放映幻灯片。

图 5-82 ❷
"幻灯片放映"
选项卡

如果不是从头放映幻灯片，请单击工作界面右下角的"从当前幻灯片开始幻灯片放映"按钮，或者按 <Shift+F5> 组合键。

在幻灯片放映过程中，按 <Ctrl+H> 和 <Ctrl+A> 组合键，能够分别实现隐藏、显示鼠标指针操作。

当演示者在特定场合下需要使用黑屏效果时，请直接按 <B> 键或 <.>（句号）键。按键盘上的任意键，或者单击鼠标左键，都可以继续放映幻灯片。假如觉得插入黑屏会使演示气氛变暗，可以按 <W> 键或 < , >（逗号）键，插入一张纯白图像。

另外，切换到"文件"选项卡，选择"另存为"命令，在"另存为"对话框的"保存类型"下拉列表中选择"PowerPoint 放映"选项，在"文件名"文本框中输入新名称，然后单击"确定"按钮，保存为扩展名为".ppsx"的文件，从"此电脑"窗口中打开该类文件，即可自动放映幻灯片。

2）控制幻灯片的放映。

查看整个演示文稿最简单的方式是移动到下一张幻灯片，操作方法如下：

⚙ 单击鼠标左键。

⚙ 按 <Space> 键。

⚙ 按 <Enter> 键。

⚙ 按 <N> 键。

⚙ 按 <Page Down> 键。

- 按 < ↓ > 键。
- 按 < → > 键。
- 单击鼠标右键，从快捷菜单中选择"下一张"命令。
- 将鼠标指针移到屏幕的左下角，单击➡按钮。

演示者在播放幻灯片时，往往会因为不小心单击到指定对象以外的空白区域而直接跳到下一张幻灯片，导致错过了一些需要通过单击触发的动画。此时，切换到"切换"选项卡，撤选"换片方式"选项组中的"单击鼠标时"复选框，即可禁止单击换片功能。这样一来，右击幻灯片，从快捷菜单中选择"下一张"命令，才能实现幻灯片的切换。

要回到上一张幻灯片，请使用以下任意方法：

- 按 <BackSpace> 键。
- 按 <P> 键。
- 按 <Page Up> 键。
- 按 < ↑ > 键。
- 按 < ← > 键。
- 单击鼠标右键，从快捷菜单中选择"上一张"命令。
- 将鼠标指针移到屏幕的左下角，单击⬅按钮。

在幻灯片放映时，要切换到指定的某一张幻灯片，请单击鼠标右键，从快捷菜单中选择"定位至幻灯片"菜单项，然后在级联菜单中选择目标幻灯片的标题。另外，如果要快速回转到第一张幻灯片，请按 <Home> 键。

如果幻灯片是根据排练时间自动放映的，在遇到观众提问、需要暂停放映等情况时，请从快捷菜单中选择"暂停"命令。如果要继续放映，则从快捷菜单中选择"继续执行"命令。

在上述快捷菜单中，使用"指针选项"级联菜单中的"笔"或"荧光笔"命令，可以实现画笔功能，在屏幕上"勾画"重点，以达到突出和强调的作用。要使指针恢复箭头形状，请单击"指针选项"级联菜单中的"箭头"命令。

如果要清除涂写的墨迹，请在"指针选项"级联菜单中选择"橡皮擦"命令。按 <E> 键可以清除当前幻灯片上的所有墨迹。

另外，如果演示现场没有提供激光笔，而演示者又需要提醒观众留意幻灯片中的某些地方，请按住 <Ctrl> 键，再按住鼠标左键不放，即可将鼠标指针临时变成红色圆圈，客串激光笔的功能。

3）退出幻灯片放映。

如果想退出幻灯片的放映，请使用下列方法：

- 单击鼠标右键，从快捷菜单中选择"结束放映"命令。
- 按 <Esc> 键。
- 按 <-> 键。
- 单击屏幕左下角的▤按钮，从弹出的菜单中选择"结束放映"命令。

（2）设置放映时间

利用幻灯片可以设置自动切换的特性，能够使幻灯片在无人操作的展台前，通过大型投影仪进行自动放映。

用户可以通过两种方法设置幻灯片在屏幕上显示时间的长短：第一种方法是人工为每张幻灯片设置时间，再放映幻灯片查看设置的时间是否恰到好处；另一种方法是使用排练计时功能，在排练时自动记录时间。

1）人工设置放映时间。

如果要人工设置幻灯片的放映时间（例如，每隔8秒自动切换到下一张幻灯片），请参照如下方法进行操作：

首先，切换到幻灯片浏览视图中，选定要设置放映时间的幻灯片，单击"切换"选项卡，在"计时"选项组内选中"设置自动换片时间"复选框，然后在右侧的微调框中输入希望幻灯片在屏幕上显示的秒数。

单击"全部应用"按钮，所有幻灯片的切片时间间隔将相同；否则，设置的是选定幻灯片切换到下一张幻灯片的时间。

接着，设置其他幻灯片的换片时间。此时，在幻灯片浏览视图中，会在幻灯片缩略图的左下角显示每张幻灯片的放映时间。

2）使用排练计时。

使用排练计时可以为每张幻灯片设置放映时间，使幻灯片能够按照设置的排练计时时间自动放映，操作方法如下：

首先，切换到"幻灯片放映"选项卡，在"设置"选项组中单击"排练计时"按钮（如图5-82所示），系统将切换到幻灯片放映视图。

在放映过程中，屏幕上会出现"录制"工具栏，如图5-83所示。单击工具栏中的"下一项"按钮，即可播放下一张幻灯片，并在"幻灯片放映时间"框中开始记录新幻灯片的时间。

图5-83 ❯
排练计时时
演示ppt

排练结束放映后，在出现的对话框中单击"是"按钮，即可接受排练的时间；要取消本次排练，请单击"否"按钮。

如果不再需要幻灯片的排练计时，请切换到"幻灯片放映"选项卡，撤选"设置"选项组中的"使用计时"复选框。此时，再次放映幻灯片，将不会按照用户设置的排练计时进行放映，但所排练的计时设置仍然存在。

另外，PowerPoint还提供了"自定义放映"功能，用于在演示文稿中创建子演示文稿。例如，用户可能要针对公司的销售部和售后部进行演示，传统方法是创建两个演示文稿，即使二者中有多张幻灯片是重复的，这显然会浪费时间且增加了工作量。使用自定义放映功能可以避免上述麻烦，具体操作方法请参阅相关资料。

（3）设置放映方式

默认情况下，演示者需要手动放映演示文稿。用户也可以创建自动播放演示文稿，在商贸展示或展台中播放。设置幻灯片放映方式的操作方法如下：

◈ 切换到"幻灯片放映"选项卡，在"设置"选项组中单击"设置幻灯片放映"按钮，打开"设置放映方式"对话框，如图 5-84 所示。

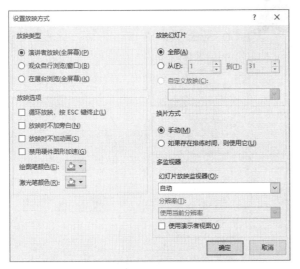

◔ 图 5-84
"设置放映方式"
对话框

◈ 在"放映类型"栏中选择适当的放映类型。其中，"演讲者放映（全屏幕）"选项可以运行全屏显示的演示文稿；"在展台浏览（全屏幕）"选项可使演示文稿循环播放，并防止读者更改演示文稿。

◈ 在"放映幻灯片"栏中，可以设置要放映的幻灯片。在"放映选项"栏中根据需要进行设置。在"换片方式"栏中，指定幻灯片的切换方式。设置完成后，单击"确定"按钮。

（4）使用演示者视图

连接投影仪后，演示者的电脑就拥有两个屏幕，Windows 系统默认二者处于复制状态，即显示相同的内容。当演示者播放幻灯片时，需要查看自己屏幕中的备注信息、使用控制演示的各种按钮，也就是将两个屏幕显示为不同的内容，请使用演示者视图。

使用演示者视图时，请按 <Win+P> 组合键，显示投影仪及屏幕的设置画面，单击其中的"扩展"按钮，将当前屏幕扩展至投影仪。切换到"幻灯片放映"选项卡，选择"监视器"选项组中的"使用演示者视图"复选框即可。

核心知识 3：使用动作按钮与超链接

通过绘图工具在幻灯片中绘制图形按钮，然后为其设置动作，能够在幻灯片中起到指示、引导或控制播放的作用。

（1）在幻灯片中放置动作按钮

在普通视图中创建动作按钮时，请切换到"插入"选项卡，在"插图"选项组中单击"形状"按钮，从下拉列表中选择"动作按钮"组内的一个按钮，如图 5-85 所示。要插入一个预定义大小的动作按钮，请单击幻灯片；要插入一个自定义大小的动作按钮，请按住鼠标左键在幻灯片中拖动。将动作按钮插入幻灯片中后，会弹出"操作设置"对话框，如图 5-86 所示，在其中选择该按钮将要执行的动作，然后单击"确定"按钮。

动作按钮
◁ ▷ |◁ ▷| ⌂ ⊘ ⬡ ▱ ▭ ▯ ◁× ❓ ▢

◔ 图 5-85
动作按钮

图 5-86 ➋
"操作设置"
对话框

在"操作设置"对话框中选择"超链接到"单选按钮，然后在下面的下拉列表框中选择要链接的目标选项即可。

如果在"操作设置"对话框中选择"运行程序"单选按钮，然后再单击"浏览"按钮，在打开的"选择一个要运行的程序"对话框中选择一个程序后，单击"确定"按钮，将建立运行外部程序的动作按钮。

在"操作设置"对话框中选择"播放声音"复选框，并在下方的下拉列表框中选择一种音效，可以在单击动作按钮时增加更炫的效果。

用户也可以选中幻灯片中已有的文本等对象，切换到"插入"选项卡，单击"链接"选项组中的"动作"按钮，在打开的"操作设置"对话框中进行适当的设置。

（2）使用超链接

通过在幻灯片内插入超链接，可以直接跳转到其他幻灯片、文档或 Internet 的网页中。

1）创建超链接。

在普通视图中，选定幻灯片内的文本或图形对象，切换到"插入"选项卡，在"链接"选项组中单击"超链接"按钮，打开"插入超链接"按钮。在"链接到"列表框中选择超链接的类型：

◉ 选择"现有文件或网页"选项，在右侧选择要链接到的文件或 Web 页面的地址，可以通过"当前文件夹""浏览过的网页"和"最近使用过的文件"按钮，从文件列表中选择所需链接的文件名。

◉ 选择"本文档中的位置"选项，可以选择跳转到某张幻灯片上，如图 5-87 所示。

◉ 选择"新建文档"选项，可以在"新建文档名称"文本框中输入新建文档的名称。单击"更改"按钮，设置新文档所处的文件夹名称，再在"何时编辑"组中设置是否立即开始编辑新文档。

◉ 选择"电子邮件地址"选项，可以在"电子邮件地址"文本框中输入要链接的邮件地址，如输入" mailto: 123456789@qq.com"，在"主题"文本框中输入邮件的主题，即可创建一个电子邮件地址的超链接。

单击"屏幕提示"按钮，打开"设置超链接屏幕提示"对话框，设置当鼠标指针位于超链接上时出现的提示内容，如图 5-88 所示。单击"确定"按钮，超链接创建完成。

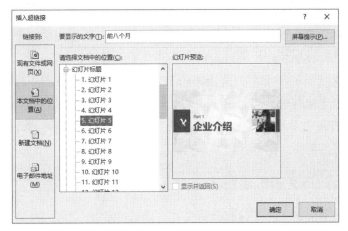

◀ 图 5-87
超链接到本文档中
的位置

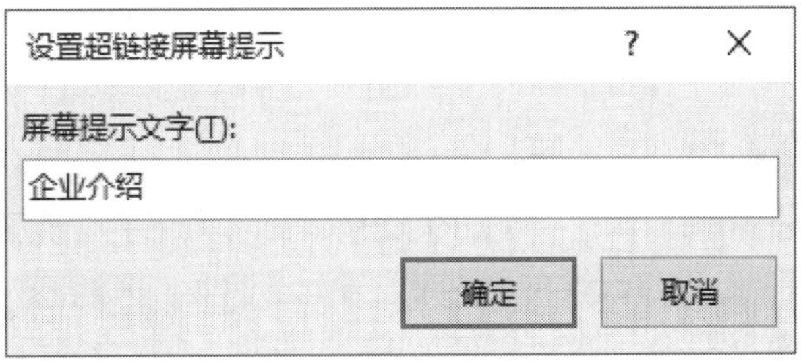

◀ 图 5-88
"设置超链接屏幕
提示"对话框

放映幻灯片时，将鼠标指针移到超链接上，指针将变成手形，单击鼠标即可跳转到相应的链接位置。

2）编辑超链接。

更改超链接目标时，请选定包含超链接的文本或图形，切换到"插入"选项卡，单击"链接"选项组中的"超链接"按钮，在弹出的"编辑超链接"对话框中输入新的目标地址或者重新指定跳转位置即可。

3）删除超链接。

如果仅删除超链接关系，请右击要删除超链接的对象，从快捷菜单中选择"删除超链接"命令。

选定包含超链接的文本或图形，然后按 <Delete> 键，超链接以及代表该超链接的对象将全部被删除。

核心技巧 1：动画衔接、组合、叠加的使用

在 PowerPoint 中，动画效果主要分为进入动画、强调动画、退出动画和动作路径动画四类。①进入动画：进入动画是对象从"无"到"有"。②强调动画：强调动画"强调"对象从"有"到"有"，前面的"有"是对象的初始状态，后面一个"有"是对象的变化状态。③退出动画："退出"动画与"进入"正好相反，它可以使对象从"有"到"无"。④动作路径动画：动作路径动画就是对象沿着某条路径运动的动画。

动画的使用讲究自然、连贯，所以需要恰当地运用动画，使动画看起来自然、简洁，使动画整体效果赏心悦目，就必须掌握动画的衔接、叠加和组合技巧。

动画的衔接是指在一个动画执行完成后紧接着执行其他动画，即使用"从上一项之后开始"命令。衔接动画可以是同一个对象的不同动作，也可以是不同对象的多个动作。片头星光图片先淡出，再按照圆形路径旋转，最后淡出消失，就是动画的衔接关系。

对动画进行叠加，就是让一个对象同时执行多个动画，即设置"从上一项开始"命令。叠加可以是一个对象的不同动作，也可以是不同对象的多个动作。几个动作进行叠加之后，效果会变得非常不同。动画的叠加是富有创造性的过程，它能够衍生出全新的动画类型。两种非常简单的动画进行叠加后产生的效果可能会非常不可思议。

组合动画让画面变得更加丰富，是让简单的动画由量变到质变的手段。一个对象如果使用浮入动画，看起来非常普通，但是二十几个对象同时做浮入动画时味道就不同了。

组合动画的调节通常需要对动作的时间、延迟进行精心的调整，另外需要充分利用动作的重复，否则就会事倍功半。

核心技巧 2：综合应用之手机滑屏动画

下面通过"手机滑屏动画"来认识动画衔接、组合、叠加。

手机滑屏动画是图片的擦除动画与手的滑动动画的组合效果。大家可以首先实现图片的滑动效果，然后，制作手的整个运动动画，具体操作方法如下。

（1）图片滑动动画的实现

1）启动 PowerPoint 2016，新建一个 PPT 文档，命名为"手机滑屏动画.pptx"，在"设计"组中单击"页面设置"按钮，弹出"页面设置"对话框，选择"幻灯片大小"选项，选择"自定义"，设置宽度为 33.86 厘米，高度为 19.05 厘米，右键设置渐变色作为背景。

2）执行"插入"→"图像"命令，弹出"插入图片"对话框，依次选择素材文件夹中的"手机.png""葡萄与葡萄酒.jpg"两幅图片，单击"插入"按钮，完成图片的插入操作，调整其位置后效果如图 5-89 所示。

图 5-89 ▶
"葡萄与葡萄酒"
图片的位置与效果

3）继续执行"插入"→"图像"命令，弹出"插入图片"对话框，选择素材文件夹中的"葡萄酒.jpg"图片，单击"插入"按钮，完成图片的插入操作，调整其位置，使其完全放置在"葡萄与葡萄酒.jpg"图片的上方，效果如图 5-90 所示。

4）选择上方的图片"葡萄酒.jpg"，然后执行"动画"→"进入"→"擦除"命令，设置其动画的"效果选项"为"自右侧"，同时修改动画的开始方式为"与上一动画同时"，延迟时间为 0.75 秒，设置如图 5-91 所示。可以单击"预览"按钮预览动画效果，也可以执行"幻灯片放映"→"从当前幻灯片开始"命令预览动画。

计算机应用基础任务式教程（Windows10+Office2016）

图 5-90
"葡萄酒"图片
的位置与效果

图 5-91 ➤
动画的参数
设置

（2）手划屏动画的实现

1）执行"插入"→"图像"命令，弹出"插入图片"对话框，选择素材文件夹中的"手 .png"，单击"插入"按钮，完成图片的插入操作，调整其位置后效果如图 5-92 所示。

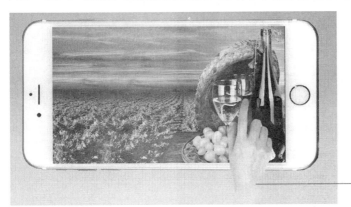

手

◀ 图 5-92
插入手的图片后
效果

2）选择"手"的图片，然后执行"动画"→"进入"→"飞入"命令，实现手的进入动画自底部飞入。但需要注意，单击"预览"按钮预览动画效果，大家会发现"葡萄酒"的擦除动画执行后，单击鼠标后手才能自屏幕下方出现，显然，两个动画的衔接不合理。

3）切换至"动画"面板，单击"动画窗格"按钮，弹出"动画窗格"面板，如图 5-93 所示。在"动画"选项卡中，设置手的动画为"与上一动画同时"，然后在"动画窗格"面板中选择手的"图片 1"将其拖动到"葡萄酒"（图片 4）的上方，再选择"葡萄酒"（图片 4）的动画，设置开始方式为"上一动画之后"，调整后的"动画窗格"面板如图 5-94 所示。

◀ 图 5-93
调整前的"动
画窗格"面板

图 5-94 ➤
前后衔接合
理的"动画
窗格"面板

4）选择"手"的图片，执行"动画"→"添加动画"→"其他动作路径"命令，弹出"添加动作路径"面板，选择"直线与曲线"下的"向左"按钮，设置动画后的效果如图 5-95 所示，其中，最右侧的绿色箭头表示动画的起始位置，最左侧的红色箭头表示动画的结束位置，由于动画结束的位置比较靠近画面中间，所以，使用鼠标选择红色三角形向左移动，如图 5-96 所示。

图 5-95
调整前的路径
动画的起始与
结束位置

图 5-96
调整后的路径
动画的起始与
结束位置

注意：当同一对象有多个动画效果时，需要执行"添加动画"命令。

5）选择"手"形图片的"动作路径"动画，设置"开始"方式为"与上一动画同时"，设置动画的持续时间为 0.75 秒，此时"计时"面板如图 5-97 所示，"动画窗格"面板如图 5-98 所示。单击"预览"按钮可以预览动画效果。

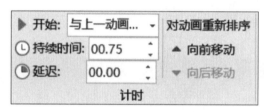

图 5-97
动画的"计时"设置

图 5-98
调整后的
动画窗格

注意：手的横向运动与图片的擦除动画就是两个对象的组合动画。

6）选择"手"的图片，执行"动画"→"添加动画"→"飞出"命令，设置"飞出"动画的开始方式为"在上一动画之后"，继续执行"动画"→"添加动画"→"淡出"命令，设置"淡出"动画的开始方式为"与上一动画同时"，此时"动画窗格"面板如图 5-99 所示。单击"预览"按钮可以预览动画效果如图 5-100 所示，这样通过动画叠加的方式，实现了"手"形"一边飞出，一边淡出"功能。

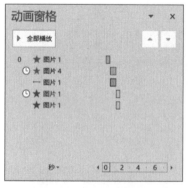

图 5-99
整体的"动画
窗格"面板

图 5-100
动画效果

（3）划屏动画的前后衔接控制

动画的前后衔接控制也就是动画的时间控制，通常有两种方式。

第一种：通过"单击时""与上一动画同时""在上一动画之后"控制。

计算机应用基础任务式教程（Windows10+Office2016）

第二种：通过"计时"面板中的"延迟"时间来控制，它的根本思想是所有动画的开始方式都为"与上一动画同时"，通过"延迟"时间来控制动画的播放时间。

第一种动画的衔接控制方式在后期的动画调整时不是很方便，如在添加或者删除元素时，而第二种方式相对比较灵活，建议大家使用第二种方式。

具体的操作方式如下：

1）在"动画窗格"面板中选择所有动画效果，设置开始方式为"与上一动画同时"，此时的"动画窗格"面板如图 5-101 所示。

2）由于图片 4（葡萄酒）的"擦除"动画与图片 1（手）的向左移动动画是同时的，所以选择图 5-101 中的第 2、第 3 两个动画，设置其"延迟"时间都为 0.5 秒，"动画窗格"面板如图 5-102 所示。

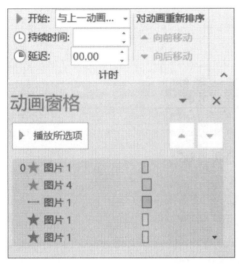

◀ 图 5-101
设置所有动画都为"与上一动画同时"

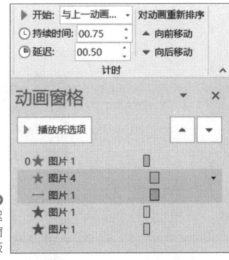

图 5-102 ▶
设置时间延迟后的"动画窗格"面板

3）由于"手"形动画最后为边消失边飞出，所以两者的延迟时间也是相同的，由于手的出现动画是 0.5 秒，滑动过程为 0.75 秒，所以"手"形动画消失的延迟时间是 1.25 秒。选择图 5-101 中的第 4、第 5 两个动画，设置其"延迟"时间都为 1.25 秒。

（4）其他几幅图片的划屏动画制作

1）选择"葡萄酒"与"手"两幅图片，按 <Ctrl+C> 快捷键复制这两幅图片，然后按 <Ctrl+V> 粘贴两幅图片，使用鼠标左键将两幅图片与原来的两幅图片对齐。

2）单独选择刚刚复制的"葡萄酒"图片，然后单击鼠标右键，执行"更改图片"命令，选择素材文件夹中的"红酒葡萄酒 .jpg"，打开"动画窗格"面板，分别设置新图片与"红酒葡萄酒 .jpg"的延迟时间。

3）采用同样的方法再次复制图片，使用素材文件夹中的"红酒 .jpg"图片，最后调整不同动画的延迟时间即可。

核心技巧 3：动画的重复与自动翻转效果

下面通过一个实例学习一下如何设置动画的"重复"与"自动翻转"效果。

1）打开 PowerPoint 2016，执行"插入"→"图像"命令，弹出"插入图片"对话框，依次选择素材文件夹下的"镜头 .jpg"，单击"插入"按钮，完成图片的插入操作，调整其位置后如图 5-103 所示。使用同样的方法插入"光线 .png"图片，效果如图 5-104 所示。

图 5-103
插入"镜头 .jpg"
后的效果

图 5-104
插入"光线 .png"
后的效果

2）选择刚刚插入的"光线 .png"图片，切换至"动画"菜单，单击"动画"选项组的"动作路径"下的"形状"命令，如图 5-105 所示，调整形状为圆形，效果如图 5-106 所示。

图 5-105
设置"动作路径"
的形状

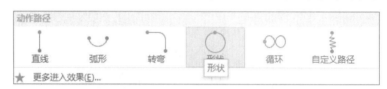

图 5-106
调整动画路径
为圆形

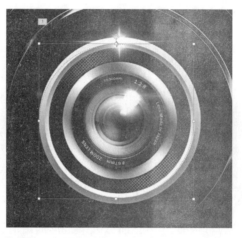

3）单击"动画窗口"按钮打开"动画窗口"，在"动画窗口"中单击右键，弹出快捷菜单，执行"效果选项"命令，在"效果"选项卡中选择"自动翻转"复选框，如图 5-107 所示，切换至"计时"选项卡，设置"重复"为 3 次，如图 5-108 所示。

注意：设置重复次数可以根据需要进行调整，主要可以设置不重复、具体次数、直到下一次单击、直到幻灯片末尾。

图 5-107
调整动画为
"自动翻转"

图 5-108
设置"重复"次数

真题名称：文本格式设置

打开素材中的演示文稿"yswg.pptx"，按照下列要求完成对此文稿的修饰并保存。

（1）为整个演示文稿应用"透视"主题，设置全部幻灯片切换效果为"切换"，效果选项为"向左"。

（2）在第一张幻灯片前插入版式为"标题幻灯片"的新幻灯片，主标题输入"中国海军护航舰队抵达亚丁湾索马里海域"，并设置为"黑体"，41磅，红色（RGB颜色模式：红色250，绿色0，蓝色0），副标题输入"组织实施对4艘中国商船的首次护航"，并设置为"仿宋"，30磅字。第二张幻灯片的版式改为"两栏内容"，将素材文件夹中的"ppt1.png"文件插入该幻灯片右侧内容区，标题区输入"中国海军护航舰队确保被护航船只和人员安全"。图片动画设置为"进入/飞入"，效果选项为"自右下部"，文本动画设置为"进入/曲线向上"，效果选项为"作为一个对象"。动画顺序为先文本后图片。第三张幻灯片的版式改为"两栏内容"，将素材文件夹中的"ppt2.jpg"文件插入左侧内容区，并将第二张幻灯片左侧文本前两段文本移到第三张幻灯片右侧内容区。

制作完成以后的效果如图5-109所示。

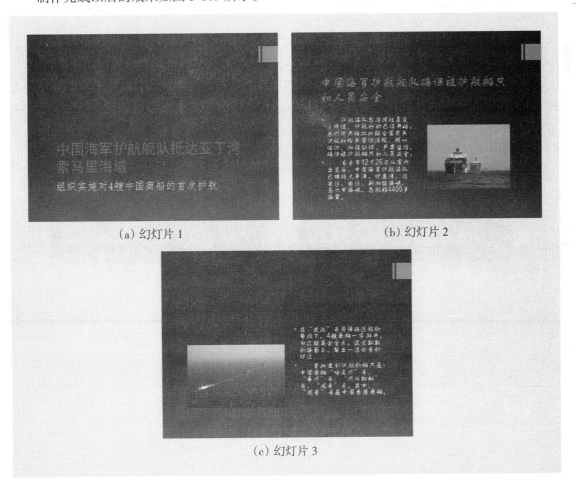

（a）幻灯片1　　　　　　　　　　　　（b）幻灯片2

（c）幻灯片3

◀图5-109
真题训练效果图
（部分）

任务名称：汽车表盘动画的制作

  根据"中国汽车权威数据发布.pptx"中的图标内容，设置相关的动画，实现"目录"页中"表盘"的变化，页面效果如图5-110所示。

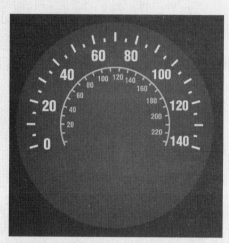

      （a）动画界面1   （b）动画界面2

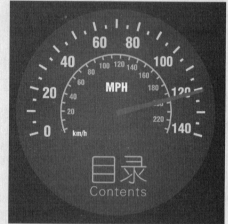

      （c）动画界面3   （d）动画界面4

图5-110 ◉
"表盘"的动画
效果

第 **6** 单元

网络基础与日常应用

计算机网络功能主要提供传真、电子邮件、电子数据交换（EDI）、电子公告牌（BBS）、远程登录、搜索和下载网络资源以及浏览网页等数据服务。计算机网络现在已融入社会生产生活的各个方面，深刻影响着人们的工作和生活。

○[教学导航]

教学目标	（1）掌握网络的基础知识 （2）掌握 Internet Explorer 浏览器的使用 （3）掌握网页的浏览与保存 （4）掌握使用搜索引擎的技巧 （5）掌握 Outlook 2010 电子邮件的收发 （6）掌握微信中常用的技巧
本单元重点	（1）网络的基础知识 （2）Internet Explorer 浏览器的使用 （3）网页的浏览与保存 （4）使用搜索引擎的技巧 （5）Outlook 2010 电子邮件的收发 （6）微信中常用的技巧
本单元难点	（1）网络的基础知识 （2）Internet Explorer 浏览器的使用 （3）网页的浏览与保存 （4）使用搜索引擎的技巧
教学方法	任务驱动法、讲授法、演示操作法
建议课时	4 课时（含考核评价）

○[任务描述]

易百米公司刘经理突然发现自己的笔记本电脑无法使用 Outlook 接收邮件了，马上请技术部小王过来查找一下相关原因。

○[任务分析]

日常生活中需要掌握一些网络基础知识，包括 IP 地址和域名系统、常用的网页浏览与保存，还有用 Outlook 收发电子邮件的方法和微信中常用的技巧等。

○[任务实施]

任务 1-1：了解计算机网络的功能与分类

（1）计算机网络的功能

计算机网络是将分布在不同地理位置的具有独立工作能力的计算机、终端及其附属设备用通信设备和通信线路连接起来，并配置网络软件，以实现数据通信和计算机资源共享的计算机系统。

计算机网络的功能包括以下几方面。

❀ 数据通信：计算机之间进行数据传送，方便地交换信息。

❀ 资源共享：用户可以共享网络中其他计算机中的软件、数据和硬件资源。

❀ 分布式处理：借助于网络中的多台计算机协同完成大型的信息处理问题；分散在各部门的用户通过网络合作完成一项共同的任务。

❀ 提高系统的安全性和可靠性：某台计算机出现故障时，网络中的其他计算机可以作为后备；当计算机负载过重时，可以将任务分配给网络中其他空闲的计算机。从而提高网络的安全性和可靠性。

（2）计算机网络的分类

❀ 按照网络的逻辑功能划分，计算机网络分为资源子网和通信子网。资源子网主要用于向网络用户提供各种网络资源和网络服务；通信子网主要用于完成网络中各主机之间的数据传输。

❀ 按照网络使用的传输介质划分，计算机网络分为有线网和无线网。

❀ 按照网络的使用性质划分，计算机网络分为公用网、专用网、虚拟专网（VPN）。

❀ 按照网络的使用对象划分，计算机网络分为企业网、政府网、金融网、校园网。

❀ 按照网络的覆盖范围划分，计算机网络分为局域网、城域网、广域网。局域网（Local Area Network，LAN）是使用专用通信线路把较小地域范围（一个单位或一个小区等）中的计算机连接成的网络；城域网（Metropolitan Area Network，MAN）是作用范围在广域网和局域网之间的网络；广域网（Wide Area Network，WAN）是把相距遥远的许多局域网和计算机用户互相连接起来的网络。

局域网概述

任务1-2：认识计算机网络的组成

从计算机网络的物理角度看，计算机网络由网络硬件系统和网络软件系统组成。

（1）网络硬件系统

网络硬件系统主要包括计算机、传输介质、通信控制设备等。

计算机是计算机网络中的主体。在网络中能独立处理问题的个人计算机称为工作站；在网络中为用户提供网络服务和进行网络资源管理的计算机称为服务器。

传输介质是网络中传输信息的载体。有线网中的传输介质有双绞线、同轴电缆和光纤；无线网中的传输介质是电磁波，各传输介质的传输特点与应用如表6-1所示。

表6-1 传输介质的传输特点与应用

类别	介质类型	特点	应用
有线介质	双绞线	成本低，传输距离有限	局域网
	同轴电缆	支持高带宽通信、体积大、成本高	有线电视
	光纤	频带宽、损耗低、通信距离长、重量轻、抗干扰能力强、强度稍差、成本高	电视、电话等通信系统的远程干线，计算机网络的干线
无线介质	微波	建设费用低、抗灾能力强、容量大、通信方便、容易被窃听、容易被干扰	广播、电视、移动通信系统、无线局域网

双绞线

1）双绞线。

双绞线是由两根相互绞合成均匀螺纹状的导线组成，如图6-1所示。双绞线有屏蔽双绞线和无屏蔽双绞线两种，屏蔽双绞线外面加了金属丝编织成的屏蔽层，可用于较远距离数据传输；无屏蔽双绞线价格便宜，在局域网中普遍采用。通常双绞线只在建筑物内部使用。

2）同轴电缆。

同轴电缆主要由一根芯线及以该芯线为轴心的屏蔽层组成，如图6-2所示。同轴电缆具有良好的传输特性和屏蔽特性，常用作有线电视电缆。

同轴电缆

3）光纤。

光纤是光导纤维的简写，是一种由玻璃或塑料制成的纤维，可作为光传导工具，如图6-3所示。光纤传输的是光信号，其传输速率可达10Gb/s。由于双绞线和同轴电缆需要耗费大量的金属材料，成本很高，而光纤的传输性能已远远超过了金属电缆，成本也已大幅降低，因此，目前在通信系统和计算机网络的长途（或主干）线路部分，光纤已全面取代了电缆。

图6-1 ◉
双绞线

图6-2 ◉
同轴电缆

图6-3 ◉
光纤

4）微波。

微波一种300 MHz~300 GHz的电磁波，它具有类似光波的特性，在空间中主要是直线传播，特点是容量大、传输质量高，适宜在网络布线困难的地方使用。手机和无线局域网都是使用微波进行通信。卫星通信是利用人造地球卫星作为中继站转发无线信号，实现两个或多个地球站之间的通信。我国自行研发的北斗星导航定位系统与美国的GPS、俄罗斯的格洛纳斯、欧洲的伽利略并称全球四大卫星定位系统。

在计算机网络中传输二进位信息时，由于是一位一位串行传输，传输速率的度量单位是比特/秒，也称为传输率。经常使用的传输率单位有：

$$比特/秒（b/s 或 bps）$$
$$千比特/秒（Kb/s），1kb/s = 10^3 b/s$$
$$兆比特/秒（Mb/s），1Mb/s = 10^6 b/s = 10^3 kb/s$$
$$吉比特/秒（Gb/s），1Gb/s = 10^9 b/s = 10^3 Mb/s$$
$$太比特/秒（Tb/s），1Tb/s = 10^{12} b/s = 10^3 Gb/s$$

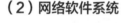

（2）网络软件系统

网络软件系统主要包括网络操作系统、网络通信协议、网络通信软件等。

网络操作系统是一种能代替操作系统的软件程序，是网络的心脏和灵魂，是向网络计算机提供服务的特殊的操作系统。主流网络操作系统有：Windows服务器版（Windows NT Server、Windows 2000 Server、Windows 2003 Server、Windows 2008 Server等）、NetWare系统、UNIX系统、Linux等。

网络通信协议是为了使网络中的计算机能正确地进行数据通信的资源共享而制定的，计算机和通信控制设备必须共同遵循的一组规则和约定。网络通信协议由三个要素组成：语义，解释控制信息每个部分的意义，它规定了需要发出何种控制信息，以及完成的动作与做出什么样的响应；语法，规定用户数据与控制信息的结构与格式，以及数据出现的顺序；时序，对事件发生顺序的详细说明。可以形象地把这三个要素描述为：语义表示要做什么，语法表示要怎么做，时序表示做的顺序。典型的网络通信协议有TCP/IP协议（传输控制协议/网际协议）、IPX/SPX协议（网际包交换/顺序包交换）、NetBEUI协议（增强用户接口）。

网络通信软件是基于互联网的信息交流软件，如QQ、微信、电子邮件程序、浏览器程序等。

任务 1-3：认识计算机网络的拓扑结构

网络拓扑结构是指用传输媒体互联各种设备的物理布局，即用什么方式把网络中的计算机等设备连接起来。网络的拓扑结构有很多种，主要有星形结构、环形结构、总线型结构、网状结构和树形结构。

（1）星形拓扑结构

星形拓扑结构是指各工作站以星形方式连接成网。网络有中央节点，其他节点（工作站、服务器）都与中央节点直接相连，这种结构以中央节点为中心，因此又称为集中式网络，如图 6-4 所示。星形拓扑结构的优点是便于集中控制、网络延迟时间较小、系统可靠性较高；缺点是网络利用率低、连接费用大。

（2）环形拓扑结构

环形拓扑结构的数据在环路中沿着一个方向在各个节点间传输，信息从一个节点传到另一个节点，如图 6-5 所示。环形拓扑结构的优点是传输速率高、传输距离远、容易实现分布式控制；缺点是任意一个节点或一条传输介质出现故障都将导致整个网络故障。

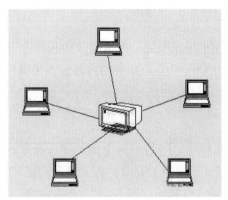

◀ 图 6-4
星形拓扑结构

图 6-5 ▶
环形拓扑结构

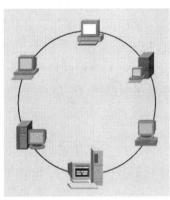

（3）总线型拓扑结构

总线型拓扑结构中各网络节点通过总线进行通信，在同一时刻只允许一对节点占用总线通信，如图 6-6 所示。总线型拓扑结构的优点是结构简单、可靠性高、对结点扩充和删除容易；缺点是总线任务重，容易产生瓶颈。

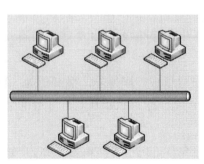

◀ 图 6-6
总线型拓扑结构

图 6-7 ▶
网状拓扑结构

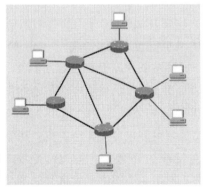

（4）网状拓扑结构

网状拓扑结构主要指各节点通过传输线互相连接起来，并且每一个节点至少与其他两个节点相连，如图 6-7 所示。网状拓扑结构具有较高的可靠性，资源共享方便；其缺点是结构

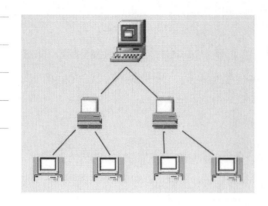

复杂，实现起来费用较高，不易管理和维护。

（5）树形拓扑结构

树形拓扑结构是星形拓扑的发展和补充，为分层结构，具有根节点和各分支节点，适用于分支管理和控制的系统，如图6-8所示。树形拓扑结构易于在网络中加入新的分支或新的节点，易于隔离故障；其缺点是当根节点出现故障时，会导致全网不能正常工作。

图6-8
树形拓扑结构

任务1-4：掌握IP地址和域名系统

OSI参考模型
特点

（1）OSI参考模型与TCP/IP模型

计算机网络的协议采用"分层"的方法进行设计和开发。最典型的有两种模型：开放系统互联（OSI）参考模型和TCP/IP模型。

OSI是由国际标准化组织（ISO）提出的网络体系结构。OSI将网络划分为物理层、数据链路层、网络层、传输层、会话层、表示层和应用层七个层次。

TCP/IP模型有4个层次，分别是网络接口层、网络互联层、传输层、应用层。其中网络接口层对应OSI中的物理层和数据链路层，网络互联层对应OSI中的网络层，传输层对应OSI中的传输层，应用层对应OSI中的会话层、表示层和应用层。

IP地址基础

（2）IP地址

任何按照TCP/IP协议接入网络中的计算设备都被称为网络中的主机。接入互联网的每一台主机都有一个唯一的IP地址，IP地址用32位（4个字节）表示，为了便于记忆和管理，将每个IP地址分为四段，每段用十进制数0~255表示，中间用"."隔开。

IP地址中包含网络号和主机号两部分，分为A类、B类、C类三个基本类，每类有不同长度的网络号和主机号。

IP地址的分类

⊛ A类IP地址，由1字节的网络号和3字节的主机号组成，网络号的最高位为"0"，A类IP地址的范围是1.0.0.1~126.255.255.254。A类IP地址拥有126个可用的网络，每个网络可容纳1 600多万台主机，用于超大型的网络。

⊛ B类IP地址，由2字节的网络号和2字节的主机号组成，网络号的最高位为"10"，B类IP地址的范围是128.1.0.1~191.254.255.254。B类IP地址拥有16 384个可用网络，每个网络所能容纳的计算机数为6万多台，用于中型网络。

⊛ C类IP地址，由3字节的网络号和1字节的主机号组成，网络号的最高位为"110"，C类IP地址的范围是192.0.1.1~223.255.254.254。C类IP地址拥有209万多个可用网络，每个网络最多只能包含254台主机，用于小型网络。

特殊IP地址

⊛ 特殊的IP地址：A、B、C类IP地址中，主机号全为"0"的IP地址，称为网络号，用来表示整个一个网络；主机号全为"1"的IP地址，称为直接广播地址。

为了区分IP地址中的网络地址和主机地址，计算机网络中采用了子网掩码技术，子网掩码的长度也是32位，左边是网络位，用二进制数字"1"表示，1的数目等于网络位的长度；右边是主机位，用二进制数字"0"表示，0的数目等于主机位的长度。A、B、C类地址的子网掩码分别是：255.0.0.0、255.255.0.0、255.255.255.0。

（3）域名系统

由于用 4 个十进制数字表示的 IP 地址不便于记忆和使用，Internet 推出了域名系统，域名与 IP 地址的关系就如同一个人的名字和其身份证号码的关系一样。用户可以按 IP 地址访问主机，也可以按域名访问主机。一个 IP 地址可以对应多个域名，一个域名只能对应一个 IP 地址，主机从一个物理网络移到另一个网络时，其 IP 地址必须更换，但可以保留原来的域名。

域名采用多层分级结构，每一层构成一个子域名。表示形式为：主机名.网络名.机构名.顶级域名。顶级域名分为组织机构和地理模式两类，表示组织机构的域名有：ac 代表科研机构，com 代表商业机构，edu 代表教育机构，gov 代表政府机构，net 代表网络服务机构等；地理域名表示使用国家或地区，如 cn 代表中国、uk 代表英国、jp 代表日本等。

将主机域名翻译成主机 IP 地址的软件称为域名系统（DNS）。

[**核心知识**
与技巧]

核心知识 1：Internet Explorer 浏览器搜索信息

Internet Explorer
浏览器

Internet Explorer 简称 IE，是美国微软公司推出的一款网页浏览器，是目前使用较为广泛的网页浏览器。Internet Explorer 有 7.0、8.0、9.0、10.0、11.0 等版本，以下介绍均基于 IE 8.0。

选择"开始"菜单中的"Internet Explorer"命令或双击桌面上的 IE 浏览器图标都可以启动 IE 浏览器。IE 浏览器工作界面由标题栏、菜单栏、地址栏、搜索框、工具栏、工作区和状态栏等组成，如图 6-9 所示。

◀ 图 6-9
IE 浏览器工作界面

标题栏位于 IE 浏览器的顶部，显示了当前所浏览网页的标题。

地址栏位于标题栏下方，在 IE 浏览器的地址栏输入"http://www.baidu.com"，按 <Enter> 键或单击地址栏中的"转至"按钮，即可打开百度的主页。

菜单栏位于地址栏下方，提供了网页相关的打开、保存、关闭、复制、粘贴、浏览器设置等操作。单击"工具"菜单，从下拉列表中选择"Internet 选项"命令，打开"Internet 选项"对话框，如图 6-10 所示。在"常规"选项卡中，可进行设置 IE 浏览器的主页、删除浏览历史记录、设置 IE 浏览器外观等操作。

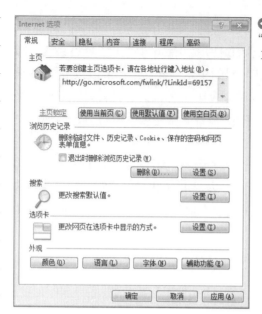

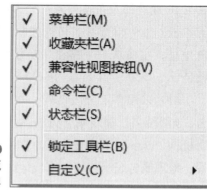

图 6-10
"Internet 选
项"对话框

图 6-11
自定义浏览
器快捷菜单

工具栏提供了后退、前进、主页、复制、粘贴、字体等工具按钮。当 IE 浏览器的窗口中隐藏了工具栏时，可右击窗口工具栏空白处，从快捷菜单中选择"命令栏"，即可使隐藏的工具栏显示出来。用同样的方法，也可以设置菜单栏、状态栏、收藏夹的显示与隐藏。

"收藏夹"工具栏用于收藏用户感兴趣的网站，以便以后再次访问该网页时，无须输入其网址即可快速将其打开。在地址栏中输入要收藏网站的网址，打开网站主页，然后单击"收藏夹"工具栏中的"添加到收藏夹"按钮，即可将网页的网址添加到收藏夹中；如果用户对添加到收藏夹的名称不满意，可以在名称上右击，从快捷菜单中选择"重命名"命令，在打开的"重命名"对话框中输入新的名称；在"收藏夹"工具栏中单击"收藏夹"按钮，打开"收藏夹"面板，所有收藏的网址将以列表的形式显示出来，单击要浏览的选项，即可打开相应的网站。

IE 浏览器的搜索框可以简化用户的搜索操作，当用户想搜索某一信息的时候，直接在这个搜索框中输入要查询的信息，按 <Enter> 键就可以直接进行搜索。

IE 浏览器中的选项卡会将每个打开的网页创建一个新的选项卡，单击不同的选项卡即可切换显示不同的网页。在选项卡栏的左侧，单击"快速导航选项卡"按钮，当前窗口中所有打开的选项卡内容就会以缩略图的形式呈现出来，单击某一个缩略图，即可切换到对应的页面。单击该按钮右侧的箭头按钮，从弹出的下拉菜单中选择网页的标题，也可以直接进入该选项卡。

核心知识 2：网页浏览与保存

 网页浏览

（1）网页浏览

在 IE 浏览器的地址栏中输入要访问网页的 URL（统一资源定位器）地址（如在地址栏中输入" http://www.msn.cn"），按 <Enter> 键或单击地址栏中的"转至"按钮，即可进入 msn 导航主页。

利用 IE 浏览器浏览网页还有以下几种简便的操作：

⚙ 当 URL 中的协议类型是 HTTP（超文本传输协议）时，输入网址时可以省略"HTTP"，IE 浏览器会自动加上。

计算机应用基础任务式教程（Windows10+Office2016）

❀ IE 浏览器会自动记忆之前输入的 URL 地址，如果在地址栏中输入某个 URL 地址的某几个字符，IE 浏览器会将保存过的地址中包含输入字符的地址列出来，供用户选择。

❀ 单击地址栏右侧的下拉箭头按钮，其下拉列表中显示了访问过的网址和收藏夹中的网址，选择某个曾经访问过的网页地址，可再次将所选网址打开。

❀ 在打开的网页中，将鼠标指针移至网页上具有超链接的文字或图形上，鼠标指针会变成手形，此时单击鼠标可以跳转到另一个页面。

在 IE 浏览器中还有以下几个命令按钮，利用这些按钮也可以方便用户浏览网页。

❀ "主页" 按钮：用于返回到起始网页。

❀ "后退" 按钮：单击该按钮，可以返回上一个访问的网页。

❀ "前进" 按钮：用于链接到当前页面的下一个页面，单击右侧的下拉箭头按钮，可以从弹出的下拉列表中选择访问该网页之前曾经访问过的页面。

❀ "停止" 按钮：用于停止对当前网页的显示。

❀ "刷新" 按钮：用于重新显示当前网页。

（2）网页的保存

网页的保存

1）保存网页。

单击"文件"菜单，从下拉列表中选择"另存为"命令，打开"保存网页"对话框，如图 6-12 所示。在对话框中选择用于保存网页的文件夹，输入保存该网页的文件名，设置文件的保存类型为"网页"，然后单击"保存"按钮。保存结束后，在保存位置将会出现该网页文件，双击网页图标即可打开该网页。

◀ 图 6-12
"保存网页"
对话框

2）保存网页中的文本。

选择网页中要保存的文本，按 <Ctrl+C> 组合键，将文本内容复制到剪贴板中，启动文字处理程序，如"记事本"程序，在新建记事本文档中按 <Ctrl+V> 组合键，将剪贴板中的文本内容粘贴到文档中，保存文档，完成网页中文本的保存操作。

3）保存网页中的图片。

右击网页中要保存的图片，从快捷菜单中选择"图片另存为"命令，打开"保存图片"对话框，在对话框中选择图片保存的文件夹并输入文件名，单击"保存"按钮，完成网页中图片的保存操作。

搜索引擎

核心知识3：认识搜索引擎

搜索引擎是一个提供信息检索服务的网站，它从互联网提取各个网站的信息（以网页文字为主），建立起数据库，并能检索与用户查询条件相匹配的记录，按一定的排列顺序返回结果。全文搜索引擎是目前广泛应用的主流搜索引擎，国外代表搜索是 Google，国内则有最大中文搜索百度。

常用的搜索引擎与地址如表 6-2 所示。

表 6-2　常用的搜索引擎与网址

搜索引擎名称	网址
Google（谷歌）	http://www.google.com/
雅虎	http://www.yahoo.com/
百度	http://www.baidu.com/
必应	http://www.bing.com/
新浪	http://search.sina.com.cn
搜狗	http://www.sogou.com

搜索技巧的使用

核心技巧1：搜索技巧的使用

百度作为全球最大中文搜索引擎，每天都处理着数十亿次搜索。在使用百度搜索时运用一定的技巧，可以在搜索中得到更有效的结果。

（1）搜索完整关键词

将关键词用""（双引号）或者《》（书名号）括起来，这样，百度就不会将关键词拆分后去搜索，得到的结果也是完整关键词的。如在百度的搜索框中输入"《电脑配置》"，搜索结果如图 6-13 所示。

（2）多关键词搜索

采用空格可返回多关键词的或其中任意一个关键词的结果。如在百度的搜索框中输入"电脑 配置"，搜索结果如图 6-14 所示。

◀ 图 6-13
搜索完整关键词

图 6-14 ▶
多关键词搜索

（3）搜索网站标题内容

在搜索内容中添加一个关键词"intitle"。如在百度的搜索框中输入"intitle：信息技术"，搜索结果如图 6-15 所示。

（4）指定网址搜索

需要在搜索内容中添加一个关键词"site"，表示搜索结果会是在"site"后的网址链接的网站中的内容。如在百度搜索框中输入"信息技术 site:www.qq.com"，搜索结果如图 6-16 所示。

◀ 图 6-15
搜索网站标题内容

图 6-16 ▶
指定网址搜索

（5）指定文件类型搜索

需要在搜索内容中添加一个关键词"filetype"，表示搜索结果只会出现指定的文件类型。如在百度搜索框中输入"信息技术 filetype:docx"，搜索结果如图 6-17 所示。

（6）高级搜索

将鼠标移至百度主页的超链接文字"设置"上方，从下拉列表中选择"高级搜索"命令，进入"高级搜索"界面，如图 6-18 所示。可以在此界面中设置搜索包含的关键字、搜索时间、搜索文档格式等内容。

◀ 图 6-17
指定文件类型搜索

图 6-18 ▶
高级搜索

核心技巧 2：使用 Outlook 收发电子邮件

（1）认识电子邮件

电子邮件又称电子信箱、电子邮政、E-mail，是一种通过网络电子邮件系统为网络客户提供信息交换的通信方式。电子邮箱具有存储和收发电子邮件的功能，是因特网中重要的信

使用 Outlook 2010
收发电子邮件

息交流工具。在网络中，电子邮箱可以自动接收网络任何电子邮箱所发的电子邮件，并能存储规定大小的多种格式的电子文件。

E-mail 像普通的邮件一样，也需要地址，它与普通邮件的区别在于它是电子地址，且每个 E-mail 地址都是全球唯一的。邮件服务器就是根据这些地址，将每封电子邮件传送到用户的信箱中的。

一个完整的电子邮件地址的格式为"登录名 @ 主机名 . 域名"。其中，中间用表示"在"（at）的符号"@"分开，符号的左边是对方的登录名，右边是完整的主机名，由主机名与域名组成。域名由几部分组成，每一部分称为一个子域，各子域之间用圆点"."隔开。

常见的电子邮箱有网易 163 邮箱（mail.163.com）、网易 126 邮箱（www.126.com）、新浪邮箱（mail.sina.com.cn）、搜狐邮箱（mail.sohu.com）、hotmail 邮箱（www.hotmail.com）、QQ 邮箱（mail.qq.com）等。

（2）Outlook 账户配置

由于 Office 2016 家庭与学生版没有安装 Outlook 组件，只有在 Office 365 中才有 Outlook 组件，在此，使用 Outlook 2010 进行介绍。

Outlook 2010 是 Microsoft Office 2010 套件的组成部分，用于在客户端收发邮件，进行通信和日常管理。在首次启动 Outlook 2010 时需要先进行账户配置。操作方法如下：

选择"开始"→"所有程序"→"Microsoft Office"→"Microsoft Outlook 2010"命令，打开"Microsoft Outlook 2010 启动"。

单击"下一步"按钮，进入"账户配置"对话框，选择"是"单选按钮，单击"下一步"按钮，进入"添加新账户"对话框，选择"电子邮件账户"单选按钮，并在下方文本框中依次输入姓名、电子邮件地址、密码等信息，如图 6-19 所示。

图 6-19 ◉
"添加新账户"
对话框

单击"下一步"按钮，Outlook 将自动搜索邮件地址的服务器，并智能配置电子邮件服务器设置。配置成功后如图 6-20 所示。

单击"完成"按钮，完成账户设置，进入 Outlook 2010 的工作界面，如图 6-21 所示。

计算机应用基础任务式教程（Windows10+Office2016）

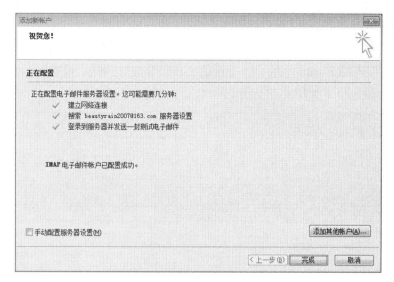

◀ 图 6-20
配置电子邮件服务
器设置

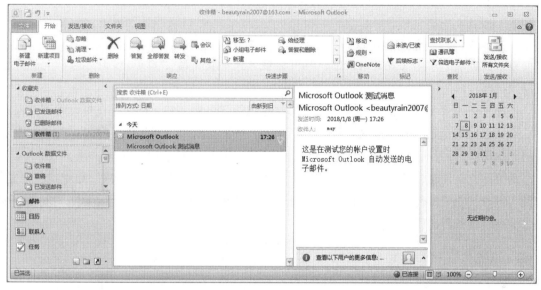

◀ 图 6-21
Outlook 2010 的
工作界面

（3）Outlook 2010 接收电子邮件

账户设置完成以后，每次启动 Outlook 程序，软件都将自动检查服务器中的邮箱是否有新邮件，如果有，软件就会接收新邮件并保存到"收件箱"中，双击即可浏览相关邮件。

切换到"发送 / 接收"选项卡，单击"发送 / 接收所有文件夹"按钮，打开"Outlook 发送 / 接收进度"对话框，如图 6-22 所示。在接收邮件的状态下，接收进度完成后，可以接收如邮件、日历约会和任务文件夹中的项目。

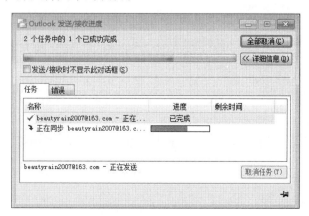

◀ 图 6-22
"Outlook 发送 /
接收进度"对话框

（4）Outlook 2010 发送电子邮件

切换到"开始"选项卡，单击"新建"组中的"新建电子邮件"按钮，打开新邮件窗口，在窗口中输入收件人的 E-mail 地址、抄送人的 E-mail 地址（抄送人没有时，此栏内地址可不填写）、主题和邮件内容，如图 6-23 所示。

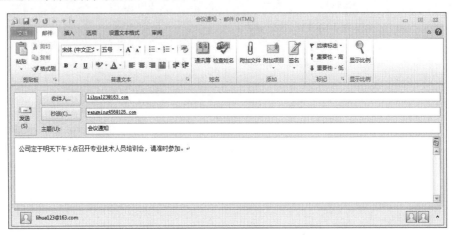

图 6-23
"新邮件"窗口

输入完成后，单击"发送"按钮，邮件将被送到"发件箱"，Outlook 开始自动向邮件服务器发送邮件。

当邮件中需要添加附件时，单击"添加"组中的"附加文件"按钮，在打开的"插入文件"对话框中选择需要发送的文件，单击"插入"按钮，返回"新邮件"窗口，即可完成附件的添加操作。

需要回复邮件时，选择需要回复的邮件，单击"开始"选项卡的"响应"组中的"答复"按钮，打开"答复邮件"窗口，在窗口中输入答复的内容，如图 6-24 所示。单击"发送"按钮，即可实现邮件的回复操作。

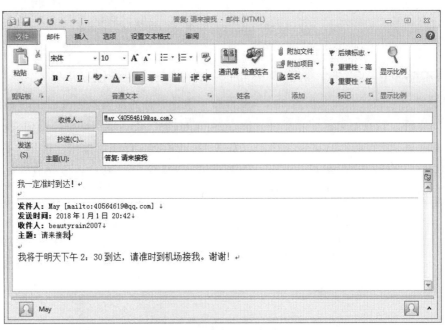

图 6-24
"回复邮件"窗口

邮件发送完毕后，单击"文件"选项卡，从下拉列表中选择"退出"命令，退出 Outlook 2010。

计算机应用基础任务式教程（Windows10+Office2016）

（5）管理联系人

为了便于以后发送邮件，可以将常用的电子邮件地址、姓名、单位名称等信息记录在Outlook 通讯簿中。操作方法如下：

切换到"开始"选项卡，单击"新建"组中的"新建联系人"按钮，打开"联系人"窗口，在窗口中输入联系人的姓名、单位、电子邮箱等内容，如图 6-25 所示。单击"动作"组中的"保存并关闭"按钮，完成联系人的添加。

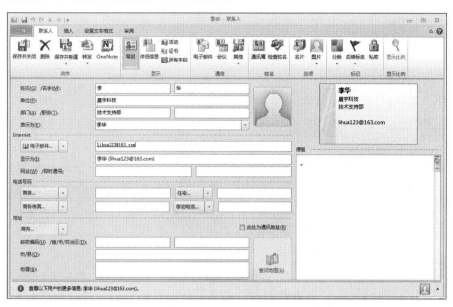

◀图 6-25
"联系人"窗口

联系人添加完成后，当用户向已添加的联系人发送邮件时，无须手工输入电子邮箱地址，单击"收件人"按钮，从"通讯簿：联系人"对话框中选择对应的收件人即可。

当需要群发邮件时，可利用 Outlook 中的联系人组进行操作，创建联系人组的方法如下：

切换到"开始"选项卡，单击"联系人"按钮，在"开始"选项卡的"新建"组中单击"新建联系人组"按钮，打开"联系人"组窗口，如图 6-26 所示。

◀图 6-26
"联系人组"窗口

输入联系人组的名称之后，单击"成员"组中的"添加成员"按钮，从下拉列表中选择"从通讯簿"选项，打开"选择成员"对话框，如图 6-27 所示。选择需要添加到组中的成员，单击"确定"按钮，返回"联系人组"窗口，单击"动作"组中的"保存并关闭"按钮，完成联系人组的创建。需要群发邮件时，将该组设置为收件人，即可将邮件群发给该组每一位成员。

图 6-27 ◐
"选择成员"
对话框

使用微信中的
常用技巧

核心技巧 3: 使用微信中常用的技巧

微信(WeChat)是腾讯公司推出的一个为智能终端提供即时通信服务的免费应用程序,现在已经是一款"全民应用"即时通信软件,甚至已经取代电话、短信、QQ 等,成为人们最常用的联络工具。掌握微信中的一些常用技巧,可以在微信的使用中达到事半功倍的效果。

(1)屏蔽群消息

在微信里,除了点对点地与某一个人联系,更多的时候我们会被加入或者创建各种各样的群组,进行多人群聊。群聊天信息很多时候都是闲聊,如果群里有几个很活跃的成员的话,群消息会一次又一次地提醒你有新消息,所以屏蔽群消息很有实用价值。屏蔽群消息的操作也非常简单:打开微信,进入需要屏蔽消息的群,单击右上角的"群成员"按钮,进入群消息设置窗口,启动"消息免打扰",如图 6-28 所示,即可屏蔽群消息。

◐ 图 6-28
设置"消息免打扰"

图 6-29 ◐
设置"隐私"

(2)保护自己的"隐私"

因为微信保留了个人很多真实的信息,所以在使用微信的过程中,如何更好地保护自己的隐私信息不会被他人窥探是很重要的。打开微信，单击"我"按钮，进入"个人信息"界面，选择"设置"，进入"设置"界面，选择"隐私"项，进入"隐私"界面，如图6-29所示。在此界面中可以设置加好友权限、朋友圈权限。

（3）使用微信在手机和电脑上互传文件

微信具有收藏功能，若想把微信上看到的好的小视频或图片等内容传到电脑上，可进行如下操作：

在电脑上安装微信PC版，通过手机扫二维码验证登录微信。选择手机微信中的"文件传输助手"，进入"文件传输助手"窗口，如图6-30所示（通过此窗口可以传送文件、图片、视频等）。选择"我的收藏"按钮，进入"发送收藏内容"窗口，选择需要发送的收藏文件，单击"发送"，即可将文件传到电脑上的微信中，单击文件，即可将文件下载到电脑上。

◀图6-30
"文件传输助手"窗口

图6-31▶
"小程序"窗口

同样的，通过PC端微信的文件传输助手也可以将电脑上的文件传输到手机微信上。

（4）使用微信中的"小程序"

微信小程序简称小程序，是一种不需要下载安装即可使用的应用，它实现了应用"触手可及"的梦想，用户扫一扫或搜一下即可打开应用。

在手机微信界面中，单击"发现"按钮，选择列表中的"小程序"项，进入"小程序"窗口，如图6-31所示。"小程序"列表中列出了用户使用过的APP，此时用户可以不用安装APP，直接通过"小程序"就可以即开即用，节省安装时间，节省流量，不需要占用桌面。

━━━━━━━━━【 真题训练 】━o

1. 计算机网络最突出的优点是（　　）。

　　A. 资源共享和快速传输信息

　　B. 高精度计算和收发邮件

　　C. 运算速度快和快速传输信息

　　D. 存储容量大和高精度

若要进行电子答题，
请扫描二维码

2. 计算机网络中传输速率的单位是 bps，其含义是（　　）。

　　A. 字节 / 秒　　　　　B. 字 / 秒　　　　　　C. 字段 / 秒　　　　　D. 二进制位 / 秒

3. 若网络的各个节点通过中继器连接成一个闭合环路，则称这种拓扑结构为（　　）。

　　A. 星形拓扑　　　　　B. 总线型拓扑　　　　C. 环形拓扑　　　　　D. 树形拓扑

4. 下列各选项中，不属于 Internet 应用的是（　　）。

　　A. 远程登录　　　　　B. 新闻组　　　　　　C. 搜索引擎　　　　　D. 网络协议

5. 若要将计算机与局域网连接，至少需要具有的硬件是（　　）。

　　A. 路由器　　　　　　B. 集线器　　　　　　C. 网卡　　　　　　　D. 网关

6. 能够利用无线移动网络上网的是（　　）。

　　A. 内置无线网卡的笔记本电脑

　　B. 部分具有上网功能的平板电脑

　　C. 部分具有上网功能的手机

　　D. 以上全部

7. Internet 是目前世界上第一大互联网，它起源于美国，其雏形是（　　）。

　　A. NCPC 网　　　　　B. GBNKT　　　　　C. ARPANET　　　　　D. CERNET

8. 以下各项中，本身不能作为网页开发语言的是（　　）。

　　A. JSP　　　　　　　B. ASP　　　　　　　C. C++　　　　　　　　D. HTML

9. Internet 中，用于实现域名和 IP 地址转换的是（　　）。

　　A. SMTP　　　　　　B. DNS　　　　　　　C. HTTP　　　　　　　D. FTP

10. 下列关于电子邮件的叙述中，正确的是（　　）。

　　A. 如果收件人的计算机没有打开，发件人发来的电子邮件将丢失

　　B. 如果收件人的计算机没有打开，发件人发来的电子邮件将退回

　　C. 如果收件人的计算机没有打开，当收件人的计算机打开时再重发

　　D. 发件人发来的电子邮件保存在收件人的电子邮箱中，收件人可随时接收

○[**任务拓展**]

　　1. 利用百度搜索引擎，查找 3 个关于"计算机网络"方面的 DOCX 文档，并将它们下载到 C 盘根目录下。

　　2. 使用 Outlook 向电子邮件地址为 beautyrain2007@163.com 的联系人发送一封电子邮件，主题为"生日快乐"，内容为"May，你好！祝你生日快乐"。从网上搜索一张蛋糕图片，下载保存，作为邮件附件一起发送。

教学目标	（1）掌握 Photoshop 的基本操作 （2）熟悉使用图像处理软件处理日常图片的方法
本单元重点	（1）Photoshop 的基本操作 （2）常用的基本工具的操作 （3）图层与图层样式的应用
本单元难点	（1）蒙版的概念与使用技巧 （2）图像调色
教学方法	任务驱动法、讲授法、演示操作法
建议课时	2 课时（含考核评价）

【任务描述】

　　易百米公司刘经理想给女儿制作一张电子生日贺卡，需要处理几张图片，叫公关部小王过来教自己几招，如抠图、调色等。

【任务分析】

　　Adobe Photoshop，简称 PS，是由 Adobe 公司开发和发行的图像处理软件。Photoshop 主要处理以像素构成的数字图像。使用其众多的编修与绘图工具，可以有效地进行图片编辑工作。PS 主要应用在图像、图形、文字、视频、出版等领域。

　　本任务主要学习 Photoshop 的基本操作、常用工具的使用方法，了解图层与图层样式的应用技巧，以及图像的调色等。

【任务实施】

任务 2-1：Photoshop 的基本操作

　　Photoshop CC 的工作界面主要由标题栏、菜单栏、工具箱、工具属性栏、面板栏、文档窗口、状态栏等组成，如图 6-32 所示。

　　Photoshop CC 的基本操作主要包括图像文件的创建、保存、图像大小与画布大小的修改以及基本工具的使用。

Photoshop 的基本操作

菜单栏 ————
工具属性栏 ————
工具箱 ————

面板栏 ————

文档窗口 ————
状态栏 ————

图 6-32 ❿
Photoshop CC
软件界面

（1）图像文件的创建

执行"文件"→"新建"命令，打开"新建"对话框，如图 6-33 所示，单击"确定"按钮即可完成图像文件的创建。"新建"对话框中各参数含义如下。

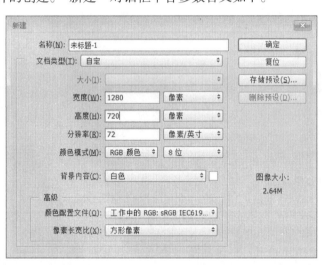

图 6-33 ❿
"新建"对话框

⊛ 名称：设置图像的文件名。

⊛ 预设：指定新图像的预定义设置，可以直接从下拉列表中选择预定义好的参数。

⊛ 宽度和高度：用于指定图像的宽度和高度的数值，在其后的下拉列表框中可以设置计量单位（"像素""厘米""英寸"等），数字媒体、软件与网页界面设计一般用"像素"作为单位，应用于印刷的设计一般用"毫米"作为单位。

⊛ 分辨率：主要指图像分辨率，就是指每英寸图像含有多少点或者像素。

⊛ 颜色模式：网页界面设计主要用 RGB 模式（主要用于屏幕显示）。

⊛ 背景内容：该项有"白色""背景色""透明"三种选项。

（2）保存与关闭

执行"文件"→"存储为"命令，打开"存储为"对话框，选择合适的路径，并输入合适的文件名即可保存图像（默认格式为 PSD，网络中一般使用 JPG、PNG 或 GIF 格式）。

执行"文件"→"关闭"命令即可关闭图像，当然直接单击窗口的右上角的关闭按钮 █✕ 也能完成同样的操作。

任务 2-2：常用的基本工具的操作

（1）前景色与背景色的设置

Photoshop 使用前景色绘图、填充和描边选区，使用背景色进行渐变和填充图像中的被擦除的区域。工具箱的前景色与背景色的设置按钮在工具箱中，如图 6-34 所示。

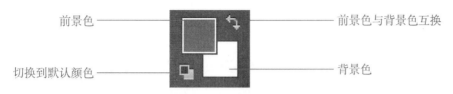

◀ 图 6-34
设置前景色
与背景色

用鼠标单击前景色或背景色颜色框，即可打开"拾色器"对话框，如图 6-35 所示。

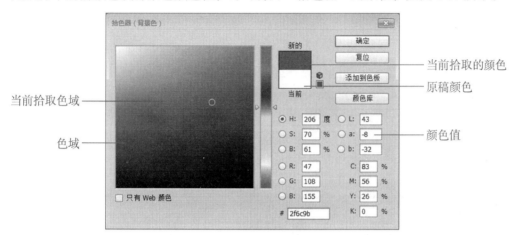

◀ 图 6-35
"拾色器"对话框

在左侧的颜色色块中任意单击，或者在右侧对话框中输入其中一种颜色模式的数值均可得到所需的颜色。

选择工具箱中的"吸管工具" ，然后在需要的颜色上单击即可将该颜色设置为当前的前景色，当拖曳吸管工具在图像中取色时，前景色选择框会动态地发生相应的变化。如果单击某种颜色的同时按住 <Alt> 键，则可以将该颜色设置为新的背景色。

（2）选区工具的使用

选择区域就是用来编辑的区域，所有的命令只对选择区域的部分有效，对区域外无效。选择区域是用黑白相间的"蚂蚁线"表示，其中用于选择区域操作的工具包括选框工具、套索工具、魔棒工具等。

1）矩形选框工具。

使用"矩形选框工具"可以方便地在图像中制作出长宽随意的矩形选区。操作时，只要在图像窗口中拖曳鼠标即可建立一个简单的矩形选区（可以复制、粘贴），如图 6-36 所示。

在选择了"矩形选框工具"后，Photoshop 的工具选项栏会自动变换为"矩形选框工具"参数设置状态，该选项栏分为"选择方式""羽化""消除锯齿"和"样式"四部分，如图 6-37 所示。

◀ 图 6-36
建立矩形选区

图 6-37 ◎
"矩形选框工具"
选项栏

选择方式　　软化选区的边缘　　消除锯齿　　样式：固定比例、　　　　　　　　　　　　　　调整选区边缘
　　　　　　　　　　　　　　　　　　　　　　固定大小

取消蚂蚁线的方式是执行"选择"→"取消选择"命令。

2）椭圆形选框工具。

使用"椭圆形选框工具"可以在图像中制作半径随意的椭圆或圆形选区。它的使用方法和"矩形选框工具"大致相同。

在拖动鼠标时按住 <Shift> 键，可以绘制出一个标准的圆。按住 <Alt> 键，将不是从左上角开始绘制椭圆，而是从中心开始。按住空格键，就会"冻结"正在绘制的椭圆，可以在屏幕上任意拖动，松开空格键后可以继续绘制椭圆。

3）多边形套索工具。

"多边形套索工具"可以制作折线轮廓的多边形选区，使用时，先将鼠标移到图像中单击以确定折线的起点，然后再陆续单击其他折点来确定每一条折线的位置。最终当折线回到起点时，光标会出现一个小圆圈，表示选择区域已经封闭，这时再单击鼠标即可完成操作。

技巧：在图像抠取过程中如果图像超出窗口，可以按住键盘上的"空格"键切换到"抓手工具"对图像进行移动，松开"空格"键后回至"多边形套索工具"继续操作。

针对图 6-38（a），采用多边形套索工具将建筑物抠取出来，如图 6-38（b）所示。

图 6-38 ◎
用"多边形套索工
具"抠取图像

（a）多边形套索工具绘制选区　　　　　　（b）抠取的图像的效果

如果单击"多边形套索工具"的"调整边缘"命令，也可调整图像的选区边缘。

4）魔棒工具。

"魔棒工具"能够把图像中颜色相近的区域作为选区的范围，以选择颜色相同或相近的色块。使用起来很简单，只要用鼠标在图像中单击一下即可完成操作。"魔棒工具"主要用在颜色反差相对较大的图像中，完成的选区如图 6-39 所示。

"魔棒工具"的选项栏中包括"选择方式""容差""消除锯齿""连续"和"对所有图层取样"等，如图 6-40 所示。

图 6-39 ◎
"魔棒工具"的选
择结果

图 6-40
"魔棒工具"
选项栏

在这里介绍一下容差，容差是用来控制"魔棒工具"在识别各像素色值差异时的容差范围。可以输入 0~255 的数值，输入较小的值可选择与所点按的像素非常相似的较少的颜色，输入较高的值可选择更宽的色彩范围。

5）变换选区。

"变换选区"命令可以对选区进行缩放、旋转、斜切、扭曲和透视等操作。先创建一个选区，然后执行"选择"→"变换选区"命令，则进入选区的"自由变换"状态。在自由变换选区状态下，单击鼠标右键，或者执行"编辑"→"变换"命令，可以对选取范围进行缩放、斜切、扭曲和透视等操作，如图 6-41（a）所示；执行"水平翻转"命令，即可实现建筑物的水平翻转，如图 6-40（b）所示。

（a）水平翻转前　　　　　　　　　（b）水平翻转后

图 6-41
自由变换 – 水平
变换

（3）绘图工具的使用

1）"渐变工具"的使用。

"渐变工具"　　的作用是产生逐渐变化的色彩，在设计中经常使用到色彩渐变功能。

在图像中选择需要填充渐变的区域，起点（按下鼠标处）和终点（松开鼠标处）会影响外观，具体取决于所使用的渐变的工具。

从工具箱中选择"渐变工具"，取前景色为 #159ee7（浅蓝色），背景色 # 035495（深蓝色），接着在选项栏中选取渐变填充（线性渐变　），鼠标从起点 1 拖曳到终点 2 后的效果，如图 6-42 所示右侧效果。

渐变拾色器　　渐变方式　　　　　　　　渐变填充效果

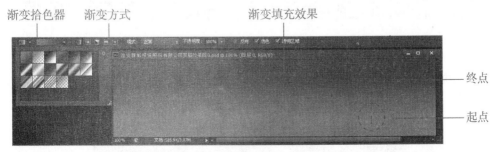

终点

起点

图 6-42
"渐变工具"选项
栏与线性渐变填充
效果

单击渐变样本旁边的三角可以挑选预设的渐变填充。如果在这里找不到合适的渐变颜色，可以单击"可编辑渐变"按钮　　　　　，打开"渐变编辑器"，如图 6-43 所示。

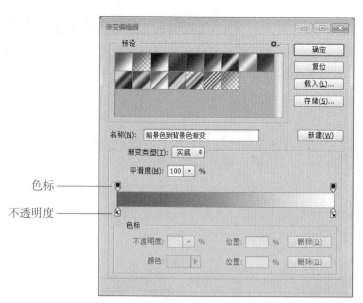

图 6-43 ▶
渐变编辑器

渐变类型包括线性渐变▨（以直线从起点渐变到终点）、径向渐变▨（以环形图案从起点到终点）、角度渐变▨（围绕起点以逆时针扇形扫描方式渐变）、对称渐变▨（使用均衡的线性渐变在起点的任一侧渐变）和菱形渐变▨（以菱形方式从起点向外渐变）。

2）"油漆桶工具"的使用。

"油漆桶工具" ▨ 是为某一块区域着色，着色的方式为填充前景色和图案。使用的方式很简单，首先选择一种前景色，然后在工具箱中选择"油漆桶工具"，最后在所需的选区中单击即可，如果想填充复杂的效果，可以设置相应的参数，如图 6-44 所示。

图 6-44 ▶
"油漆桶工具"
选项栏

3）"文字工具"的使用。

在网页设计中，文字有很重要的地位，很多重要的信息都是通过文字来传达，如果给文字加上一些特效，就会达到画龙点睛的效果。在 Photoshop 中，有 4 种文字工具，分别为"横排文字工具""直排文字工具""横排文字蒙版工具""直排文字蒙版工具"。文字是以文本图层的形式单独存在的。

利用"横排文字工具"可以在图像中添加水平方向的文字，从工具箱中选择该工具后，其选项设置如图 6-45 所示。

字体选择　　　　　　　字体大小　　设置消除锯齿　　　　字符段落
　　　　　　　　　　　　　　　　　的方法　字体颜色　　面板

![文字工具选项栏]

字体对齐　　创建文字
方式　　　变形

图 6-45 ▶
"文字工具"
选项栏

在蓝色渐变背景上输入"淮安新城投资控股有限公司"文本后，效果如图 6-46 所示。

图 6-46 ▶
"文字工具"
的使用效果

淮安新城投资控股有限公司

核心知识 1：认识图层

图层与图层的
操作

图层就好比一层透明的玻璃纸，透过这层纸，可以看到纸后的东西，而且无论在这层纸上如何涂画都不会影响其他层的内容。

现在打开一个 Photoshop 合成的图像（网站页眉效果图 .psd），如图 6-47 所示，通过"图层"面板来认识一下图层，如图 6-48 所示。

下面介绍一下图 6-48 中"图层"面板的功能：

◎ 图层的混合模式 正常 ▾：用于设置图层的混合模式。

◎ 图层锁定 ☒ ✔ ✛ 🔒：分别表示锁定透明像素、锁定图像像素、锁定位置、锁定全部。

◎ 图层可见性 👁：用于设置图层的显示与隐藏。

◎ 链接图层 🔗：用于设置多个图层的链接。

◎ 图层样式 fx：用于设置图层的各种效果。

◎ 图层蒙版 ▣：用于创建蒙版图层。

◎ 填充或者调整图层 ◒：用于创建填充或者调整图层。

◎ 创建新组 📁：用于创建图层文件组。

◎ 创建新图层 🔲：能创建新的图层。

◎ 删除图层 🗑：用于删除图层。

◀ 图 6-47
Photoshop 作品
"网站页眉效果
图 .psd"

◀ 图 6-48
"图层"面板

常见的图层主要有背景图层、普通图层、文本图层、调整图层、形状图层、图层组和智能对象图层。通过"图层"菜单可以实现选择图层、合并图层、调整顺序、创建智能图层等操作。在菜单栏中的"图层"菜单中聚集了所有关于图层创建、编辑的命令操作，而在"图层"面板中包含了最常用的操作命令。

除了这两个关于图层的菜单外，还可以在选定"选择工具" ▶✛ 的前提下，在文档中右击，通过弹出的快捷菜单，根据需要选择所要编辑的图层。另外在"图层"面板中右击，也可以打开关于编辑图层、设置图层的快捷菜单，使用这些快捷菜单，可以快速、准确地完成图层操作，以提高工作效率。

核心知识 2：图层样式

图层样式的
应用

图层样式是创建图像特效的重要手段，Photoshop 提供了多种图层样式效果，可以快速更改图层的外貌，为图像添加阴影、发光、斜面、叠加和描边等效果，从而创建具有真实质感的效果。应用于图层的样式将变为图层的一部分，在"图层"面板中，图层的名称右侧将出现 fx 图标，单击图标旁边的三角形，可以在面板中展开样式，以查看并编辑样式。

图 6-49 ▶
纯文本效果

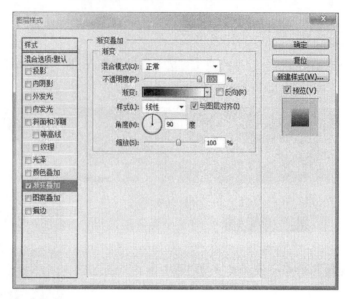

例如，图 6-46 中的文字"新城控股"，正常状态下的页面效果如图 6-49 所示，单击"图层"面板中的 fx 图标，选择"渐变叠加"命令，弹出"图层样式"对话框，设置颜色为由白色向黄色的渐变，页面设置如图 6-50 所示。

图 6-50 ▶
"图层样式"
对话框

当为图层添加图层样式后，既可以通过双击图标打开对话框并修改样式，也可以通过菜单命令将样式复制到其他图层中，并根据图像的大小缩放样式。还可以将设置好的样式保存在"样式"面板中，方便重复使用。

图层蒙版的
使用

核心知识 3：蒙版的概念

蒙版是一种遮盖工具，就像是在图像上用于保护图像的一种"膜"，可以分离和保护图像的局部区域。换句话说，蒙版是与图层捆绑在一起、用于控制图层中图像的显示与隐藏层的蒙版，在此蒙版中装载的全部为灰度图像，并以蒙版中的黑、白图像来控制图层缩略图中图像的隐藏或显示。图层蒙版的最大优点是在显示与隐藏图像时，所有的操作均在蒙版中进行，不会影响图层中的像素。

需要注意的是，蒙版只能在图层上新建，在背景层上是无法建立图层蒙版的。大家打开一幅图像，激活图层 2，然后单击图层面板下方的"添加矢量蒙版" ◉ 按钮，就可以新建一个蒙版。此时的图层面板如图 6-51 所示，其中各项含义如下：

◉ 蒙版和图层的链：表明蒙版和该图层处于链接状态。处于链接状态时，可以同时移动或者复制该图层及其蒙版。如果单击图标，可取消链接，这时只能单独移动图层或蒙版。

◉ 添加图层蒙版按钮：单击此按钮，即可给当前图层添加一个新的图层蒙版。

◉ 图层蒙版缩略图：浏览缩略图，可以随时查看或编辑蒙版。

核心技巧 1：蒙版的使用技巧

蒙版的应用实例：

1）首先执行"文件"→"打开"命令，打开两幅素材图像，如图 6-52 和 6-53 所示。

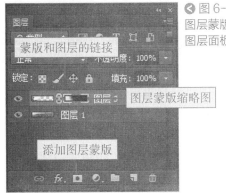

图 6-51
图层蒙版后的
图层面板图

图 6-52
素材 1
"华表 .jpg"

图 6-53
素材 2 "长城 .jpg"

2）使用"移动工具"将素材 1 拖至素材 2，调整大小与位置后效果如图 6-54 所示。

图 6-54
图像简单组合

3）单击"图层"面板上的"添加图层蒙版"按钮，为上面图层创建图层蒙版，如图 6-55 所示。

4）在工具箱中将"前景色"设置为"黑色"，然后选择"渐变工具"，在蒙版图层上填充渐变。蒙版如图 6-56 所示，最终效果如图 6-57 所示。

图 6-55
添加图层蒙版

图 6-56
改变蒙版

图 6-57
用蒙版隐藏区域中
的图像

在上面的例子中间不难发现，图层蒙版中填充黑色的地方是让图层图像完全隐藏的部分；填充白色的地方是让图层完全显示的部分；从黑色到白色过渡的"灰色区域"则是让图层处于半透明效果，这是使用图层蒙版的一个重要规则。

核心技巧 2：图像调色

调整图像色调的常用方法，主要可以通过"色阶""自动色调""曲线""亮度与对比度"等命令来实现，下面举例说明使用"色阶"命令调整色彩的方法。

"色阶"命令是将每个通道中最亮和最暗的像素定义为白色和黑色，然后按比例重新分配中间像素值来控制调整图像的色调，从而校正图像的色调范围和色彩平衡。

运用"色阶"命令可提亮图像，具体操作方法如下：

1）打开素材文件夹中的图像文件"海南风景.jpg"。单击"图像"→"调整"→"色阶"命令（快捷键 <Ctrl+L>）。

弹出"色阶"对话框，如图 6-58 所示

图 6-58 ➲
"色阶"对话框

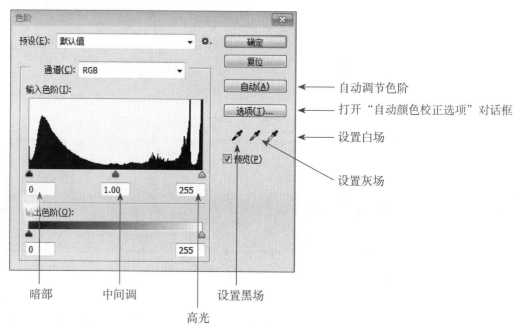

自动调节色阶：系统会自动调整整个图像的色调。

暗部、中间调、高光：用于调整整个图像的色调。

设置黑场：用该吸管在图像上单击，可以将图像中所有像素的亮度值减去吸管单击处的像素亮度值，从而使图像变暗。

设置灰场：用该吸管在图像上单击，将用该吸管单击处的像素中的灰点来调整图像的色调分布。

设置白场：用该吸管在图像上单击，可以将图像中所有像素的亮度值加上吸管单击处得像素亮度值，从而使图像变亮。

2）设置"输入色阶"的参数依次为 0、1.51、236，如图 6-59 所示。

3）单击"确定"按钮，即可运用"色阶"命令调整图像，效果如图 6-60 所示。

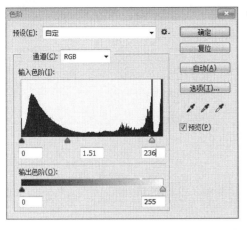

▲ 图 6-59
调整后的"色
阶"对话框

图 6-60 ▶
调整色阶后的效果

【 真题训练 】

若要进行电子答题，
请扫描二维码

1. 通常网络用户使用的电子邮箱建在（　　）。

　A. 发件人的计算机上

　B. 收件人的计算机上

　C. 用户的计算机上

　D. ISP 的邮件服务器上

2. 正确的 IP 地址是（　　）。

　A. 202.2.2.2.2　　　　B. 202.112.111.1　　　C. 202.257.14.13　　　D. 202.202.1

3. 计算机网络是计算机技术和（　　）。

　A. 自动化技术的结合

　B. 电缆等传输技术的结合

　C. 信息技术的结合

　D. 通信技术的结合

4. 目前广泛使用的 Internet，其前身可追溯到（　　）。

　A. DECnet　　　　　B. ARPANET　　　　C. NOVELL　　　　D. CHINANET

5. FTP 是因特网中（　　）。

　A. 发送电子邮件的软件

　B. 一种聊天工具

　C. 浏览网页的工具

　D. 用于传送文件的一种服务

6. 上网需要在计算机安装（　　）。

　A. 数据库管理软件　　B. 视频播放软件　　C. 浏览器软件　　　D. 网络游戏软件

7. Internet 实现了分布在世界各地的各类网络的互联，其最基础和核心的协议是（　　）。

　A. TCP/IP　　　　　B. HTTP　　　　　C. FTP　　　　　D. HTML

8. 域名 ABC.XYZ.COM.CN 中主机名是（　　）。

　A. ABC　　　　　　B. CN　　　　　　C. COM　　　　　D. XYZ

9. 拥有计算机并以拨号方式接入 Internet 网的用户需要使用（　　）。

　A. Modem　　　　　B. U 盘　　　　　C. CD-ROM　　　　D. 鼠标

10. 计算机网络中常用的有线传输介质有（　　）。

　A. 双绞线，光纤，同轴电缆

B. 激光，光纤，同轴电缆

C. 双绞线，红外线，同轴电缆

D. 光纤，同轴电缆，微波

〔任务拓展〕

　　大家经常会看到 PPT 中有漂亮清晰的图片，然而前期拍摄的图片通常会存在一些不足，这时就需要通过 Photoshop 进行后期的处理。本任务就是通过对所拍摄笔记本图片进行调整、装饰，以实现较好的宣传效果，案例效果如图 6-62 所示。

图 6-62 ◗
抠图后的图片效果

参考文献

[1] 恒盛杰资讯 . PPT 制作应用大全 [M]. 北京：机械工业出版社 . 2013.

[2] 杨臻 . PPT，要你好看 [M]. 2 版 . 北京：电子工业出版社 . 2015.

[3] 温鑫工作室 . 执行力 PPT 原来可以这样 [M]. 北京：清华大学出版社 . 2014.

[4] 陈魁 . PPT 演义 [M]. 北京：电子工业出版社 . 2014.

[5] 陈婉君 . 妙哉 !PPT 就该这么学 [M]. 北京：清华大学出版社 . 2015.

[6] 龙马高新教育 . Office 2016 办公应用从入门到精通 [M]. 北京：北京大学出版社 . 2016.

[7] 德胜书坊 . Office 2016 高效办公三合一：Word/Excel/PPT [M]. 北京：中国青年出版社 . 2017.

[8] 华文科技 . 新编 Office2016 应用大全 [M]. 北京：机械工业出版社 . 2017.

版权声明

根据《中华人民共和国著作权法》的有关规定，特发布如下声明：

1. 本出版物刊登的所有内容（包括但不限于文字、二维码、版式设计等），未经本出版物作者书面授权，任何单位和个人不得以任何形式或任何手段使用。

2. 本出版物在编写过程中引用了相关资料与网络资源，在此向原著作权人表示衷心的感谢！由于诸多因素没能一一联系到原作者，如涉及版权等问题，恳请相关权利人及时与我们联系，以便支付稿酬。（联系电话：010-60206144；邮箱：2033489814@qq.com）